U0043934

提升績效的 NLP 管理術

強化自我心理、有效管理團隊、增強組織競爭力

組織のパフォーマンスが上がる
実践NLPマネジメント

足達大和 **著**　陳光棻 **譯**

前言

所謂的管理，就是建構人類與組織的現在和未來。

然而，當前的局勢是史無前例的，而且因應時代、國家、世代的不同，需要更多彈性。如今，人們不能只是發揮彈性，還必須是**具體可見地發揮**彈性才行。

管理者以及在工作上展現豐碩成果的商務人士，除了經營管理策略之外，也要學習並實踐關於騷擾防治、教練式領導、一對一面談（1 on 1 meeting, 1on1）等種種措施，並交出成果。這些所謂的成果，也不能只是一般的成果，而是**所有人都有目共睹的成果**。

此外，在工作上展現豐碩成果的商務人士，除了要提升組織成員及員工的滿意度之外，也要對提升顧客滿意度有所貢獻。而這些所謂的滿意度，也同樣並非一般的滿意，而是**所有人都能輕易看見的滿意**。

在工作上，身為管理者或是想要持續交出好成績的人，請先明白一件事，那就是：交出**足以吸引眾人目光的驚人成績**，獲得上司或市場的好評，是理所當然的。

本書就是一本前所未見的實用管理書籍，闡述如何活用 NLP（神經語言程式學；Neuro Linguistic Programming），以取得驚人的成果。

新時代需要新的價值觀；新階段需要新的思維與心態。為了讓本書的價值倍增，讓您能夠構築自己的職涯，邁向下一個階段，以下要介紹一些可以**創造成果的學習方法**。

●創造成果的學習方法：四個步驟的「RQAD」

所謂的 RQAD，是一種可以創造成果的學習方法，這是我從三十年來持續支援法人團體和個人的經驗中，所領悟出的法則。這四個步驟可以明確地區分出成功者與被埋沒者，即便他們學習了同樣的東西。這也

是在**不喪失成長動力下，能夠創造成果**的步驟。

● RQAD 的 R 是 Recognize：即「認識」、「理解」之意

　　R 有兩種意思，一個是「認識目標」，另一個是「理解內容」。當為何而學的目標模稜兩可時，你接收資訊的天線就會生鏽，即便是那些能派上用場、具有價值的內容，也會被你視為瑣碎的資訊。

　　那種被埋沒的人，由於理想的狀態和理想的自己都不明確，自然無法產生刺激與靈感。

　　成功者都清楚知道自己想要的東西。即便是那些看起來並非特別努力的人，也能在關鍵時刻不錯失良機。那種明確知道自己想要什麼的人，善於擴展自己的觸角。

　　因此，要先**明確辨識**出學習的目的，接著則是**鎖定**。

　　另一個就是理解內容，也就是理解這件事的主要重點、關鍵為何。

　　尤其是，關於技能與技術，你必須要**理解過程**。

　　除了史無前例的天才之外，所有優秀人士都具備扎實穩固的基礎，並且能貫徹到底。由於他正確地理解與實踐，才能從中孕育出魅力並壓倒群雄。

　　那種被埋沒的人，因為更在意自己的風格，往往在轉瞬間出現，也在轉瞬間消失。換言之，就是無法堅持不懈，也不具備任何潛力。

　　因此，在剛開始學習時，請一定要有意識地做到**正確理解**這件事。

● RQAD 的 Q 是 Question：即活用「發問」

　　這是指活用「發問」的力量，去探索這個事項可以活用在什麼方面、那個事項可以活用在哪裡，為了達成目標可以如何活用某事項，或是解決問題的線索為何等。

　　發問的力量很強大。成功者與被埋沒者之間的差異，就在於他們發

揮了多少發問（Q）的力量，以及前文所介紹的認識、理解（R）。

那種被埋沒的人，通常在知道後就覺得安心了，行為終止在「知曉」，所獲得的知識也只在資訊層次。然而，在真正有實力的人眼裡，馬上就能看穿這只是表面的知識。

成功者會將知識轉化成**智慧**，並增加**行動的選項**。發問（Q）就是在創造一個契機，讓我們去思考如何活用及實踐。

● RQAD 的 A 是 Adapt：即「適應、因應、轉換」

當你能夠釐清目標、積極發問，就會產生一些構想。

成功者會將產生的構想化為選項，並使其符合現實狀況。什麼方法適合目前的狀況？什麼時候執行更容易發揮效果？什麼時間點才能在活用既有利益的同時平衡地達成目標？成功者會在這些前提下，思索如何讓構想落實。

成功者會考量 A（即適應的問題）。被埋沒者則是不顧平衡、忽視現狀，在周圍引發混亂。

因應周遭的人、環境或狀況，採取適切的行動，這在 NLP 領域裡稱為生態平衡（ecology），是非常重要的一個概念。

請務必思考何時該行動、行動的事前準備為何，並重視時機與過程，以妥當地導入你所孕育的構想。

● RQAD 的 D 是 Do：即「執行」

也就是實踐、採取行動，而且是**馬上實踐、即刻行動**。請盡量及早著手。如果你是負責交出成果的人，應該已經理解速度的重要性。

對那些誤以為「知道就會成長」，卻改變不了現狀的人來說，或許最具價值的訊息是：「直到執行（D）為止，都是學習」。

●四個步驟所需的「學習」

關於各個步驟的學習，可以總結如下。

· 即便你知道一些新事物，若不以具體目標為前提，就不是學習。

· 即便你自問一些問題，若產生的構想沒有落實，就不是學習。

· 即便你產生了足以落實的構想，但若沒有執行，就不是學習。

· 若沒有執行就不是學習＝直到執行為止都是學習。

請務必運用 RQAD 的框架來創造成果，實踐新的學習方法。在今後的新環境裡，需要各式各樣的能力，而 RQAD 這四個步驟能夠應用到行銷、銷售等多元學習主題中。

本書希望各位活用四個步驟來學習的項目如下：

第 1 章：所有組織都會出現的管理課題

第 2 章：管理的基礎

第 3 章：管理者的角色

第 4 章：達成目標與減輕風險的方法

第 5 章：基礎思考訓練

第 6 章：管理者績效最大化的方法

第 7 章：創造成果的心態

一本書會**因為讀者的經驗和成長而成為好書**。衷心期盼本書和 RQAD 四步驟、NLP 相關技巧，能對各位的管理成果有所助益。

足達大和（NLP-JAPAN 學習中心／ NLP 高階訓練師）

2022 年 9 月

管理性格測驗

在閱讀本書之前，請先進行管理性格測驗（習慣分析）。這個測驗很容易，為了提高你對本書的理解與管理的品質，請務必檢視一下自己的習慣。

1. 你重視的是掌握工作的全貌，還是工作的細節？
2. 你的動力來自於朝向目標推動業務，還是發現問題、迴避風險？
3. 在工作上，你喜歡的是進化，還是戲劇性的變化？
4. 你重視過程，還是喜歡臨機應變？
5. 你一收到資訊就會馬上行動，還是會做進一步的分析？
6. 關於工作的方法，你是透過看、聽、讀來學習，還是實際在做中學？
7. 在工作上，你重視的是速度、成果、樂趣，還是溝通？

做完測驗之後，各位有什麼感想嗎？其實這些問題就是你在工作上處理資訊時，無意識中所帶著的濾鏡。了解這些思維模式，不僅能幫助你理解自己，當你在和不同類型的下屬或成員共事時，也能把它當作優質溝通的基礎。這些思維模式稱為「語言行為量表」（LAB Profile®），細節將在第 6 章裡介紹，此處先簡單說明如下。

※ 語言行為量表（LAB Profile®）是 Success strategies 公司的註冊商標。

第 1 題是關於如何掌握資訊，名為「**範圍**」的類別。在類型上，又分為「全面型」與「具體型」。其實，這被認為是最容易造成壓力的人際關係類型。全面型的人重視概要或目的這類較為抽象的資訊，而具體

型的人則重視過程與具體的資訊。

第 2 題是關於個人動力**方向**的類別。在類型上，又分為動力展現在面對目標的「朝向型」，以及動力發揮在迴避問題上的「遠離型」。此外，沒有哪一個類型比較正面或負面的分別。若沒有先理解這種思維模式，就很容易發生朝向型的人責怪對方為何過於負面，或相反地，遠離型的人不明白對方為何能對工作過度樂觀而喪失幹勁，或是對不同類型的人感到錯愕等。

第 3 題是關於面對變化時的反應（**對變化、差異的因應**）之類別。在類型上，又分為「千篇一律中有例外型」與「差別型」等。追求進化的人是千篇一律中有例外型，不喜歡很大的變化，在一步一腳印的過程中感受到工作的成長。另一方面，喜歡變化的人是差別型，樂於面對工作上的變化、革命和革新。在面對下屬或團隊成員時，若能帶著這樣的觀點，就能減少溝通上的壓力。而且，團隊也能獲得更優質的時間，以達成原本的業務目標。

第 4 題是關於「**選擇理由**」的類別。在類型上，又分為「程序型」與「選項型」。在推動工作的方法上，有正確的步驟、程序或手冊可遵循時，會更有工作動力的人，就是程序型。而在有正確步驟、程序或手冊的情況下，就會失去幹勁的人，則為選項型。不同的類型，代表著不同的優勢。若彼此能互相合作，使組織的行動達到協調，就能打造出極富成效的團隊。另一方面，當管理者有失偏頗，或是沒發現有偏頗之虞的話，自身的壓力會增加，團隊也容易陷入無法活用資源的狀態。

第 5 題是關於「**主體性**」的類別。在類型上，又分為「主動出擊型」

與「被動反應型」。那種一獲得資訊就採取行動的人，屬於主動出擊型。那種會再次調查資訊的準確性，或是否還有其他資訊的人，則是被動反應型。若無法察覺這兩者的差異，主動出擊型的人就可能會指責那些只思考而不行動的員工，而被動反應型的人則可能會瞧不起那些只顧著行動卻無法提升工作品質的人。

第 6 題是關於「**感官管道**」的類別。在類型上，又分為在認識及理解事物時以視覺為主的「視覺型」，以聽覺為主的「聽覺型」，以閱讀為主的「讀解型」，還有以體驗為主的「體感型」。感官管道的原理很單純，但若你不理解，而是對著那些只要看到資料和數據就能即刻理解的人，滔滔不絕地解說，或是讓那些只需體驗就能理解的人去讀報告書，都是在浪費時間。這也會對自己在提案或演說時的傳達方法和說服力，帶來很大的影響。

第 7 題是關於推動他人的開關 —— **價值標準**。身為管理者的你，在工作上有重視的事物，而團隊成員和上司也一樣，有他們重視的事物（價值標準）。價值標準也是「挑戰」、「共享」、「成長」、「創意」等這類關鍵字所代表的事物。透過了解對方的價值標準，就能牽動成員的心，一起打破現狀，追求成果和成長；位居中階管理層的人，甚至能夠牽動上司的心。若不知道推動對方的開關為何，就無法進行優質的溝通，換言之，就無法執行良好的管理。

為了將上述的思維方式轉化成自己的觀點和能力，請務必繼續閱讀本書。

目次

第 **5** 章　**基礎思考訓練**

第 **6** 章 **管理者績效最大化的方法**

第 1 章

所有組織都會出現的
管理課題

① 管理者的課題

　　一直以來，我持續橫跨各個領域，以經營高層和中階主管為對象舉辦培訓課程。我從中體悟到的是，有些問題和煩惱始終存在，但問題的內容卻發生了變化。過去，身為管理者的職責是，上司知道答案並將其傳達給下屬。然而，近來包含價值觀的多元化、新冠肺炎擴大導致市場封閉、遠距／遠端工作這類工作模式的變化在內，開始出現許多**「上司也不知道答案」的狀況**。再加上改革工作方式的縮短工時政策、應屆畢業生在應徵工作時將「加班時間少」視為優先重視的條件之一，使得愈來愈多企業致力於縮短工時。以員工的角度來看，當然是樂見其成，但對經營高層或管理者來說，負擔卻是增加了。

　　現況是，企業若不及早因應將無法存活下去，而管理者則是面臨了「提高產能」、「不准加班」之類的要求。不知道答案的管理者，若是因此感到焦躁、憤怒或是濫用權力，甚至可能演變成職權騷擾，**在職場上徒增了壓力、憎恨和疲弊，卻沒有解決任何問題**。別說是培育團隊成員或職涯規畫了，甚至連管理者自身的心理健康都會受到影響。目前，管理者的課題有以下五點，我們將在下一節之後依序介紹。

- 從「教導」轉變為引導式管理。
- 面對市場縮減和工時縮短，要發揮彈性。
- 速度受到考驗。
- 管理者自身的壓力增加。
- 管理的本質就是溝通。

② 從「教導」轉變為引導式管理

在經濟高度成長期，勞動者對於工作與生活的價值觀是一致的。

- 只要努力就會看到成果。
- 堅忍是出人頭地的捷徑。
- 只要收入增加，就會幸福。

在那個年代裡，這一類的價值觀非常普遍，所以管理階層往往透過講述當年勇和自吹自擂，來暗示自己的權威與權力，讓組織得以團結整合。換言之，上司和前輩手中握有答案，只要把這個答案告訴下屬就好了。然而，時代已經改變，單一的價值觀已不復見。過去，電視是強勢媒體，匯集了大部分的資訊。如今，因網路與社群媒體的普及，孩子從小就能夠從各式各樣的媒體上獲取自己偏好的資訊，在某些特定主題上，年輕人的知識量甚至遠超過年紀較長的人。換言之，已經出現了下屬比上司更博學多聞的狀況。

在下屬擁有更多資訊的情況下，就算上司試圖把答案告訴下屬，也只會讓下屬感到愕然，甚至在背地裡遭到下層訕笑。除了企業主、管理階層、商務人士以外，我傳授 NLP 技巧的對象還包括了醫師、律師、護理師、教師等持有專業證照者，以及藝人、學生、家庭主婦等，涵蓋範圍極廣，有許多機會聽到各種立場的意見，對此的感受更是深刻。

管理者的角色，已經轉變成要「引導答案」。教導固然也很重要，但更需要努力的目標是，**汲取最貼近工作現場之成員的感受或意見，以達成組織的目標並創造成果。**

③ 面對市場縮減和工時縮短，要發揮彈性

　　目前在人口減少等各種狀況的影響下，市場是急遽萎縮的。就如同新冠肺炎所造成的經濟衝擊，過去的經營思維已無法讓企業維持現況，而且可能開始導致衰退。在可能被擊沉的情況下，我們不該接受默默沉入大海的命運，而必須從「奮力逆流而上的管理」，**切換成「能創造出明確差異的管理方式」**。

　　達成此目標的關鍵字就是「彈性」，並且需具備以下的要素：

> • 重新檢視過去的方法，導入不同的方法。
> • 停止過去的思考模式，導入新的思考模式。
> • 具備「停止的勇氣」、「開始的勇氣」、「改變的勇氣」。

　　換言之，需要的是如風、如水般的柔軟靈活，能夠克服種種狀況的姿態，而不是如鋼鐵般堅決貫徹的姿態。

　　而且，如前所述，在工時方面，如今也不再是工時愈長就愈好的時代了。現今的社會中，讓員工長時間勞動可能就意味著會發展成黑心企業。在市場漸趨衰退的情況下，為了推動縮短工時的管理模式，彈性將成為關鍵。

Column　**彈性源自於三個選項**

NLP 非常重視選擇的彈性。具體來說，就是要提供三個以上的選項。其理由在於，如果只有兩個選項，會造成內心的糾葛，導致人沒有餘力做出選擇，反而會造成壓力，甚至陷入無法抉擇的狀態。

④ 速度受到考驗

對管理者來說，除了組織的成果之外，也必須同時考量縮短工時的課題，以提升組織或團隊成員的工作品質。

> - 什麼才是妥當且能長期持續下去的方法？
> - 即便成功縮短了工時，但生產力提高了嗎？
> - 雖然生產力維持在高水準，但成員受拘束的時間更勝以往的現況，該如何解讀呢？

不僅如此，在堆積如山的問題中，需要的就是速度。

① 決策之後，接收到上司的指令，就立即執行。

② 將現場的資訊，當作執行的結果，回饋給上司。

上述 **①②** 的循環速度，將變得至關重要。

如同經營管理沒有正確的答案，我們都明白，高層在進行決策時，一發現錯誤就要立即修正的重要性。

然而，有些管理者不理解這個道理的重要性，總是慢慢想、仔細想，結果第一步的行動就慢了，執行也都落後了。

這將會引發什麼後果呢？其中之一是，高層做出決策後情況有所改變，使得高層冒著風險做出的決定已經行不通了。

因此，比起失敗，高層更害怕機會損失（opportunity loss）。高層的工作就是負起全責做出決策，而其他幹部在內的管理者，**其工作則在於迅速地執行這項決策。**

「無法做到自己必須做到的事」與「沒有發覺自己必須做到的事」，是截然不同的。身為管理階層者，不光是要指示下屬或成員，面對上司的指示要立即採取行動，也同樣重要。

5 管理者自身的壓力增加

管理者的課題往往充滿了矛盾，包括：

- 沒有正確答案卻必須教導下屬。
- 必須以有限的資源，解決組織的課題。
- 必須思考組織生產力與成員縮短工時之間的平衡。
- 工作上想要力求完美，卻又必須迅速。

因此，這些矛盾對管理者的心理和身體都造成了負擔。

- 想把工作做好，並做到自己覺得滿意。
- 想要獲得肯定並得到好處。
- 希望與自己相關的成員都能幸福地工作。

但現況是，許多管理者在懷抱著上述理想的同時，也在為自身的心理健康與工作成就感所苦。懷抱理想絕非壞事，但也有很多管理者**因為懷抱理想，苦惱於理想與現實的差距，而陷入倦怠症（burnout syndrome）**。關於提升管理者心理健康的方法，將在第 5 章到第 7 章詳細介紹。

從第 2 章開始，我將提出嚴實又具影響力的管理模型。若你想要做好工作，並追求組織成果最大化的話，請務必要致力於關照管理者自身的精神與心理健康。

6 管理的本質就是溝通

　　在管理者諮詢的問題當中，最多的是苦惱於與周圍人士因價值觀的差異而衍生出來的溝通問題。

　　溝通在**所有場合裡都是不可或缺的**，例如：

> ● 做出指示、接受諮詢時
> ● 傳達願景、方針與策略時
> ● 向客戶提案或推銷時
> ● 專家、技術人員在聽取客戶的需求時
> ● 為了決策而搜集資訊時

　　此外，讓成員充滿幹勁或喪失幹勁，也都取決於溝通。甚至，決策就是與自己的溝通。這裡所指的「溝通」，與其說是單純的對話，更像是一種關係，而且關係的重要性更勝以往。

> ● 如果提案的品質相同，人會因為關係而行動。
> ● 如果商品的價格相同，人依舊會因為關係而行動。
> ● 當傳達的事情相同時，關係會造成影響。

　　然而，即便理解人際關係的重要性，你的組織裡是否有以下這種下屬或成員呢？

- 不聽別人說話。

- 說話長篇大論、浪費時間。

- 只關注自己的主張,看不見周圍的狀況。

- 總是想著明哲保身與找藉口卸責。

- 毫無接受挑戰或追求成長的動力。

現實與理想總是背道而馳。若雙方關係的品質無法改善,管理者的工作就無法成立。解決溝通的課題,正是 NLP 領域最具優勢的部分,本書將在第 6 章介紹。

Column 運用溝通來改變他人的技巧

　　NLP(神經語言程式學)是一種實踐心理學,其內涵為針對心理治療領域中非常知名、被稱為「三大天才」的心理治療師的技巧進行分析後,所找出的每個人都能達到同樣成果的共通模式,並將之系統化為能夠重現的技巧。

　　這三位天才分別是研究催眠治療的米爾頓・艾瑞克森(Milton H. Erick-son)、創立完形治療(Gestalt Therapy)的福律茲・培爾斯(Frederick S. Perls),以及推廣家族治療的維吉尼亞・薩提爾(Virginia Satir)。雖然這三人的技巧完全不同,卻都讓經手的個案出現驚人的變化。在研究並分析這些成果的共同模式之後所確立的原則,就是運用溝通來讓他人發生變化的 NLP。

　　溝通的威力,遠超過實踐者的想像,不光是商務界人士,連歷任美國總統、好萊塢明星、專業運動選手也都爭相學習並活用這項工具,以求發揮更好的表現。

　　在商務界,NLP 是一種新的框架,亦是有助於管理者創造成果的技能,已經廣為流傳。

第 **2** 章

管理的基礎

① 何謂管理

「管理」的英文「management」，原本的意思是「營運」，國外商務界大多解讀為「經營」，而日本商務界則多認為是「管理」。此外，「管理」這個詞彙也有其他各種含義。

然而，就算你明確理解「管理」的定義，是否稱得上是一位能交出成果或成績的管理者，又另當別論了。此外，若你對管理的意義太過設限，也可能導致你成為一個無法因應時代與狀況的管理者。

本章要先請各位從較抽象的框架來理解管理這件事，也就是必須要知道以下這些項目：即便組織規模或階段不同，在管理上重要的是什麼？即便時代改變但仍普遍不變的原理是什麼？必須掌握什麼才能讓管理得以成立？請務必要深入理解構成管理基礎和要點的基本原則，並且應用在工作現場。

所謂的管理，就是填補理想與現狀之間的差距，以達成目標。被稱為管理之父的彼得‧杜拉克（Peter F. Drucker）指出，管理是「為了提升組織成果的道具、機能、機關」。杜拉克也說過，我們很難為管理下定義，而對於第一次接觸管理的人來說更是難上加難。我在實際聽取成功管理者的意見之後，簡單做出的總結是：**管理就是達成組織的目標**。

而達成組織目標的前提，就是必須事先掌握**理想與現狀的差距**。管理就是由此展開的。

② 掌握理想與現實後，確認兩者的差距

　　NLP 領域裡的人常說：「沒有體驗過的知識是虛幻的。」很多人就算理解，還是無法取得成果，而那些交出成果的管理者則是會找到一個角色模範（role model，範本），並徹底實踐已知的事項。

　　出色的管理者會藉由 NLP 的基本要素：模仿（modeling，觀察學習），來找到一個角色模範，徹底觀察並模仿對方以什麼策略達成了什麼目標。關於模仿，將在第 4 章、第 6 章中詳細介紹。

　　相反地，表現不佳的管理者，總是漫無計畫地行動，讓周圍的人感到困惑。因此，在本節之後，將會介紹如何活用角色模範的框架，這是身為管理者應該學習的、最基本的知識。首先，如前一節所述，就是要知道理想與現狀之間的差距。

1 何謂理想

　　所謂的理想是指組織的目的與存在意義，也就是希望自己的組織是什麼樣子、應該是什麼樣子，以及能夠帶來什麼價值等這類方向。

　　在管理上，**辨別**以下的**理想**非常重要。

> * 為了誰？為了什麼？做些什麼？
> * 自己的組織或團隊存在的意義為何？
> * 自己在其中所扮演的角色為何？

② 何謂現狀

接下來，就是必須知道，相對於理想，現狀處於什麼樣的狀態。我們要**量化並辨識**出以下的項目。

- 我們的組織位於市場中的哪個位置？
- 我們的顧客對商品或服務有多滿意？
- 自家公司的營收有多少？
- 自家公司的成本與生產力有多少？
- 新客與常客的人數分別有多少？
- 從長期計畫和中期計畫來看，目前位於哪一個時間點上？

再者，我們也必須量化並認識到自家公司的優勢與劣勢。經由量化，差距就會變得明確。

③ 確認差距

為了填補理想與現狀之間的差距，就必須確認這個差距有多大。然後，思考什麼是必要的、要刪減什麼、要做什麼、要捨棄什麼，並訂定出優先順序。

圖表 2-1　理想與現實的差距

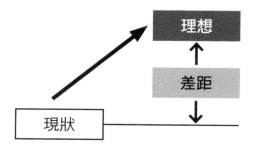

③ 填補差距並設定目標

所謂的管理，就是填補理想與現狀之間的差距，以達成目標。我們必須設定以下項目來當作基礎。

- 理想是什麼？
- 現狀如何？
- 差距是什麼？
- 為了填補差距，應該努力的目標（課題）為何？

設定上列項目，就是管理的開始。而在設定目標之後，接下來需要的就是計畫與進度管理。

圖表 2-2　從差距來設定目標

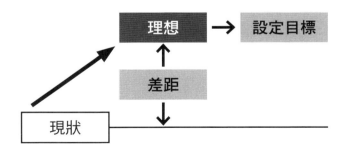

4 擬定必要計畫，管理進度

　　就跟量化目標一樣，關於為了達成目標而要做些什麼，也得根據到何時為止、做些什麼、做到什麼程度等指標，來擬定計畫，並按照以下兩個步驟推進。

圖表 2-3　計畫與進度管理

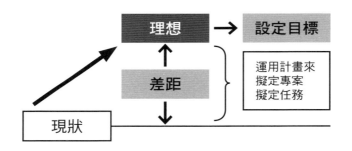

1 步驟一：規畫（planning）

　　針對達成目標，決定必須要做什麼，還有不做什麼。首先，從以下兩個觀點列舉出所需的要素。

① 資源（resource）

　　從需要什麼資源、團隊或組織、人才、具體的技能與資金等這類觀點，列舉出達成目標所需的要素。

② 風險

　　預測達成過程中可能會發生的風險、相關法令規範，以及對公司內

外的影響，並思考因應方案。

③ 著手規畫的範例

先把內容寫在便利貼上再貼出來，以方便討論。

1）請成員把想法寫在便利貼上

此時，嚴禁否定或批評任何構想，盡可能寫得愈多愈好。

2）以便利貼的方式達成視覺化，並把相同的意見或領域等進行分類

把便利貼貼在白板上，讓所有成員都能看到。

3）以難度與效果的矩陣來彙整

難度包括了費用、時間等。

4）從矩陣分析的結果，訂定優先順序

將為了填補差距所需的項目，因應需求來轉化為團隊專案或個人任務。

圖表 2-4　規畫的範例

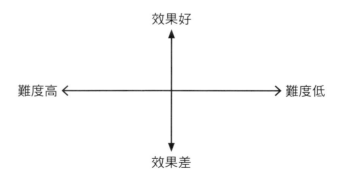

2 步驟二：排程（scheduling）

所謂的排程，是指將規畫時列舉的項目訂定優先順序後，放進時間軸裡（圖表 2-5）。

圖表 2-5　排程的範例

類別	任務	負責人	1 一	2 二	3 三	4 四	5 五	6 六	7 日	8 一	9 二	10 三	11 四	12 五	13 六	14 日	15 一	16 二
首頁畫面	製作使用者介面	高橋	█	█	█	█	█	█	█									
	按鈕「前往搜尋頁面」	下田	█	█	█	█	█	█	█									
	按鈕「主資料管理」	下田								█	█	█	█	█	█	█		
	按鈕「設定」	山下	█	█	█	█	█	█	█									
書籍搜尋頁面	製作使用者介面	高橋	█	█	█	█	█	█	█									
	按下「搜尋按鈕」	下田								█	█	█	█	█	█	█		
	按鈕「返回」	室田																
顯示結果頁面	製作使用者介面	村田																
	按鈕「返回」	室田																
主資料管理頁面	製作使用者介面	村田	█	█	█	█	█	█	█									
	按鈕「書籍資料」	君塚								█	█	█	█	█	█	█		
	按鈕「顧客資料」	君塚											█	█	█			
	按鈕「負責人資料」	君塚														█		
資料庫	設計（實體關係圖）	柳澤																
	建構資料庫－書籍資料	柳澤																
	建構資料庫－顧客資料	本庄																
	建構資料庫－負責人資料	本庄																

那種不擅長管理的人，常常會把規畫與排程的觀點混為一談；對帶領下屬的管理者而言，這是非常致命的。要是對下屬或成員的指示太過複雜，將會導致現場混亂，也會損及他們的工作動力，以及對管理者的信任。

所以，在致力於進度管理之際，必須**先確實區別規畫與排程**才行。

5 進行回饋分析

據說是彼得‧杜拉克讓回饋（feedback）在商業界流行起來的。回饋分析的導入，是為了比較期待（目標）與結果，以確認需要改善的課題並強化優勢。

種種關於回饋的概念由此而生。在本節中，將要介紹促進持續解決問題的 PDCA 循環，以及在劇烈變化的情況中進行決策的 OODA 循環。

圖表 2-6　回饋分析

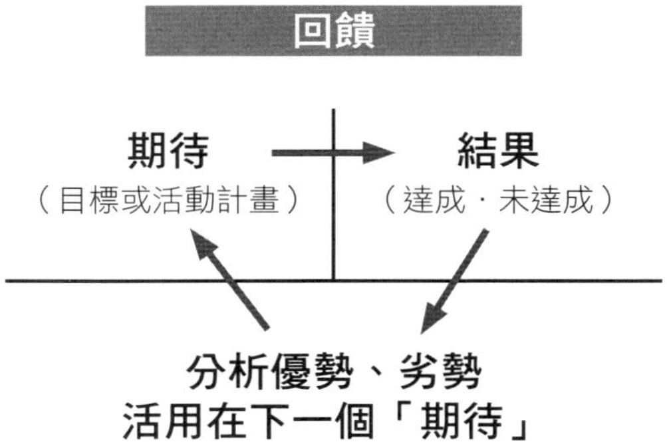

回饋

期待　　　　　　　　結果
（目標或活動計畫）　　（達成‧未達成）

分析優勢、劣勢
活用在下一個「期待」

1 推動 PDCA 循環

管理的要領之一，就是以計畫（Plan）、執行（Do）、查核（Check）、改善（Action）來做進度管理，這被稱為 PDCA 循環。要推動此循環，就要管理圖表 2-7 中各項目的進度。

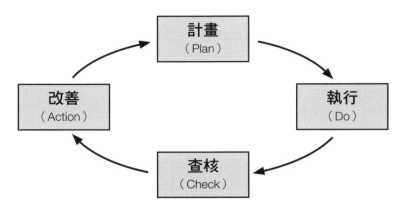

圖表 2-7　PDCA 循環

項目	內容
計畫 （Plan）	・計畫本身有進展嗎？ ・是否產生了以遵循法規為大前提的適切成果？ ・若進展停滯不前，是否已經發現了原因？
執行 （Do）	・是否執行了計畫中決定的事項？（管理「是否有執行」） ・是否遵循法規正確地執行？
查核 （Check）	・是否在計畫好的日期進行查核？ ・結果是否有達到期待值？
改善 （Action）	・若沒有達到期待值，需要做些什麼呢？ ・要在什麼時候之前進行所需的事項？ ・是否進行了改善？

2 推動 OODA 循環

近年來，常用於軍事行動決策過程的 OODA 循環，因具有能夠因應不確定狀況的特徵，也開始被廣泛應用在商業界。它的各個步驟分別是：觀察（Observe）、調整（Orient）、決定（Decide）、行動（Act），是管理圖表 2-8 中各項目進度的循環。

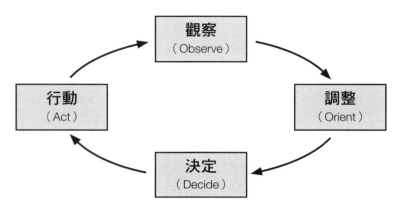

圖表 2-8　OODA 循環

項目	內容
觀察 （Observe）	· 現實是什麼狀況？ · 現場是什麼狀況？ · 實物是什麼狀況？
調整 （Orient）	· 還需要其他什麼資訊？ · 有什麼選擇？
決定 （Decide）	· 目的為何？ · 理想或目標為何？ · 具體要做些什麼？
行動 （Act）	· 什麼時候執行？ · 要由誰來執行？

我們以「發現會議中『沒人發表意見』的狀況」來做為 OODA 循環的一例。

在原本的目的是要做出決策的會議中，從「沒人發表意見」的現象中，發現了「尚未掌握現狀」的狀況（觀察）後，立即改變會議目的（調整），馬上結束會議（決定），轉為調查的時間（行動）等，整個流程就是因應當下的狀況臨機應變。

軍事行動攸關人命，迅速因應是非常重要的。在商業界也一樣，誤判狀況將造成很大的風險，所以 OODA 循環才會被廣泛運用。

⑥ 徹底進行溝通

當計畫與執行後的現實之間產生差距時，該如何修正？可由以下的觀點來判斷。

- 要如何掌握市場的現狀？
- 要如何創造組織的未來？
- 要設定什麼樣的目標？
- 要如何推動計畫？
- 適合由誰來執行？

為了促進上述的修正項目，需要的就是溝通。溝通除了可以加快回饋分析的速度、提高回饋分析的品質，也能孕育出達成目標的創意或靈感，更會影響參與實現目標之成員的士氣。

圖表 2-9　管理所需的溝通

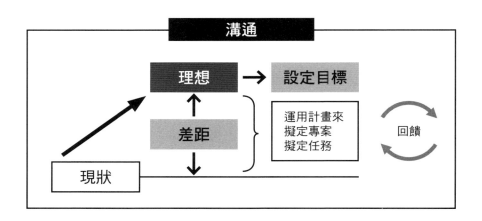

在商務現場中，**溝通無所不在**。具體而言，強化以下的溝通，將會提升管理能力。

- 基本的「報告」、「聯絡」、「諮詢」。
- 富有影響力與說服力的提案。
- 帶來雙贏（Win-Win）的談判。
- 在評估面談中，運用認可與成果來賦予動力。
- 促進解決問題的教練式領導。
- 傾聽及揣摩對方的需求和心情。

即便有目標、計畫、回饋分析，但串聯起這些項目的是人和溝通。

第6章將介紹具體的技巧，請務必提升包含口頭和書面語言在內的溝通能力，讓你的管理能力一飛沖天。

如同俗語說「帶人要帶心」，談到管理，做些什麼當然重要，但**由誰來做也是重要的因素**。技能固然重要，但組織成員追隨的不是管理者的技能，而是管理者這個人。

因此，第3章將會介紹管理者的任務，以及吸引他人的資質。這不是在討論管理者應該「誠實」、「坦率」、「熱情」、「堅強」這類的精神論，而是在介紹NLP觀點的同時，說明魅力的三項要素，以及如運用它們來創造故事。

請務必學會如何散發牢牢抓住人心的魅力。

管理者的角色

① 管理者的工作為何?

第 2 章的說明較為抽象,而本章將針對管理者的工作做更具體的說明。

管理者的工作就是掌握組織的目的,釐清業績課題,將目標落實到計畫之中,活用資源來執行計畫,以便達成目標。

因此,管理者必須先**明確理解自身組織的目的為何**。所謂的目的,包含了願景、使命、價值這些明文闡述的項目。為了實現目的,管理者必須訂定目標、掌握現狀,必要時重新檢視資源,招募及培育人才,並對其進行評估。

所以,管理者的工作總結如下:

- 理解組織做為社會或公司一分子的目的與存在意義。
- 設定實現願景和使命的目標與課題。
- 理解人才、資源與成果的現狀。
- 展開建立假説之後的 PDCA 循環。
- 人才的招募、培育及評估

關於上述項目,包含管理之父彼得・杜拉克所倡導的觀點在內,有各式各樣的想法。不過,在大多數情況下,都可以運用第 2 章中較抽象的概念或框架,來因應組織的規模或階段進行活用。

接下來,將針對進一步釐清「該做些什麼才好」,介紹更多的活用案例。

② 管理的五項課題

▣1 目標的管理

　　當下屬訂定目標之後，為了使其達成目標，管理者就要在業務上跟進並提供支援。在確實掌握進度的同時，也必須要有默默守護下屬的心理準備，讓他們能自由地工作。

　　具體的行動範例如下：

- 在例行會議上反覆傳達經營的使命與目標。
- 共享整個部門的目標，同時也讓每個人提出自己的目標。
- 綜合個人與全體的目標，設定彼此都能接受的個人目標。
- 從定性、定量兩方面來設定目標。
- 設定評估基準。
- 確認過程、結果、評估等核心，以做出恰當的評估。
- 在計畫初期以面談等方式，將你期待達成的目標告訴下屬。

　　此外，具體的業務範例如下：

- 決定以月／週／日為單位的管理體制。
- 從進度與達成率兩方面，來進行進度管理。
- 進度符合預期時，要指導及激勵下屬追求更高的目標。
- 進度不如預期時，要和負責人確認原因，必要時進行陪同訪問，或是針對與其他相關部門的交涉提供支援等。

- 將成功和失敗的案例數據化、視覺化，以便活用在往後的業務上。

2 團隊合作的管理

無論是什麼工作，都無法一個人獨力完成。為了以團隊形式推動業務，就必須分配任務，以便領導團隊達成目標。

具體的行動範例如下：

- 確認成員各自的動力來源。
- 根據成員各自擅長之處及相關經驗，進行任務分配。
- 決定達成目標之方案的主要負責人。
- 讓所有成員共享「根據分工來發揮能力，以達成目標」的意識。
- 營造出合作的氣氛。

3 人才培育的管理

若下屬能充分發揮自己的能力，團隊的績效也能達到最大化。此外，**有計畫地開發及培育下屬的能力**，讓他們能自信且獨當一面加入其他部門或專案，也是管理的一部分。

除了在主要業務上的指導外，鼓勵他們參加培訓、遠距課程、外部的讀書會等，也是有效的方法。

具體的行動範例如下：

- 釐清下屬的個性和適性，與下屬一起思考應該追求的職位與業務。
- 有效地組合在職訓練（On-the job training, OJT）、職場外訓

練（Off-the-job training, Off-JT），支持下屬開發自身能力。

- 指導下屬要從更高階職位的立場來思考。

4 心理健康的管理

管理者不是只要交出好業績就行了。缺乏心理安全感的職場，也會影響溝通的品質和生產力。此外，就算業績提升了，但組織成員因工作壓力而感到疲憊或憂鬱，對組織而言也是很大的風險。

換言之，管理者需要關注的不只是業績和成果，還必須防止各種騷擾，並且關照下屬的心理健康。

具體的行動範例如下：

- 營造出讓下屬能輕鬆前來諮詢的氣氛。
- 細心觀察下屬，注意互動的氣氛是否與平時有所不同。
- 下屬前來諮詢時，要表現出同理心，並不吝於提供協助。
- 學習壓力管理（stress management）的知識。

5 管理者的工作範圍

位居上司（經營者）與下屬（成員）之間的管理者，其工作涵蓋範圍極廣，包括向下屬（成員）傳達經營和市場的動向，推動下屬達成組織整體的目標，甚至還要關注每個人的身心健康管理。

無論何者，其主題都與「讓所有成員舒適地工作，取得充分的成果」息息相關，請各位管理者一定要積極努力。

Column 遠距環境下的管理

在遠距環境裡，最常出現的就是關於溝通的問題。譬如，擔心著「我想說的事真的有傳達出去嗎？」「對方有好好在聽我說話嗎？有理解我說的話嗎？」

有時也會發生因為溝通上的消化不良，導致能量耗盡，結果管理者也無法集中精神工作的狀況。

此外，光靠文字上的溝通，很多時候就是容易造成誤解。若是對於事件或資訊的誤解，在確認之後還能解決，但若是發生憤怒、心情不佳、被置之不理這類情緒上的誤解，有時卻難以察覺。這會降低溝通的準確性和真誠度，也會對信任關係造成問題。

第6章將詳細說明溝通的本質，人類的大腦會透過視覺、聽覺、語言等種種資訊，打造出安全感、連結性、信任與向心力等各種心理狀態。

舉例來說，在視覺資訊方面，有些人會以看鏡頭的方式說話，有些人則會一直盯著手邊的共享資料，這兩個狀態給人的印象就完全不同。而且，視角（攝影機拍攝的角度範圍）等，也是影響溝通的要素之一。在畫面上臉特別大、只露出額頭、視線總是由高處往下看的人，應該都會讓人覺得不舒服。具備出色溝通能力的管理者，會站在對方的觀點，並意識到自己在說話的同時展示了什麼。一個很好的參考範例就是拍攝電視主播的視角。請留意你在和對方說話時，要讓對方看見自己的胸部、臉部和頭部在同一個空間裡。

此外，聽覺資訊也是重要的因素。若我們在語速、語調高低或節奏等方面都配合對方，就能在談話的同時獲得共鳴，或是感受到彼此的連結。

3 管理者所需的資質

■1 推動他人的資質

要推動他人，是需要資質的。所謂的資質，是指與生俱來的才能或能力，而在管理上，首先不可或缺的就是推動他人的**領導能力**。

領袖的資質可以從一些卓越的經營者身上學習，例如，蘋果公司（Apple）的史蒂夫·賈伯斯（Steve Jobs）、SpaceX 的伊隆·馬斯克（Elon Musk）、京瓷·第二電電的稻盛和夫、軟銀集團的孫正義，以及經營之神松下幸之助或日本企業之父柴澤榮一等人。

此外，在學問上來說，有羅伯特·格林利夫（Robert K. Greenleaf）所提倡的僕人領導學（The Servant Leadership）之類的方法，以及中國古代孔子的《論語》等，百家爭鳴。

接下來要說明的，並不是普遍的領袖資質，而是**吸引他人的魅力與推動他人的領袖特質**。

■2 吸引他人的三項要素

心理學裡，有一個名為「原型」（archetype）的說法。這是由卡爾·榮格（Carl Gustav Jung）所提倡的概念，簡單來說，就是指存在於人類深層心理中的基本人格類型。

NLP 領域認為，令人著迷的故事主角通常具備三項要素，分別為強大、慈悲與開朗。若能平衡地具備這三項特質，能讓人際關係和睦，在管理上也能發揮領導能力。

① 強大（力量、勇氣、決心）

這相當於榮格原型理論的「戰士」形象。具備力量、勇氣與決心的主角，有以下幾個特徵：

- 能正面迎戰邪惡的力量（不當的權力）與不利的狀況。
- 能公平地看待事物，並為了戰鬥而奮起。
- 透過戰鬥，保護自己及重要的人與弱者。
- 絕不以讓自己居於優勢為目的。
- 努力獲得充分的智慧，以及奮起所需的勇氣與自制力。

請務必透過以下的問題，來確認自己的「力量」要素：

- 為了提升團隊或組織，你正在面對的是什麼？
- 你是否已經準備好要為重要的人、成員或組織奮起迎戰？
- 你是否只把自己的優秀與權力，用在展現自己的這個目的上？

② 慈悲（體貼、柔軟、心胸開闊）

這相當於榮格原型理論的「照顧者」形象。體貼、柔軟、心胸開闊的主角，有以下幾個特徵：

- 很重視與他人的感情。
- 努力發掘和培育他人的才能。
- 會讓對方覺得「我是有歸屬的」、「我是有價值的」、「我是受到重視的」。
- 打造能讓人安心放鬆的氣氛、場合、環境或社群。

- 有時像老師一樣指導、提醒，有時像護理師一樣照顧他人。
- 最終力求讓對方獨立。

德雷莎修女（Mother Teresa）或護士佛蘿倫絲・南丁格爾（Florence Nightingale）都是具備這些要素的典型人物。而當慈悲加上力量，則會讓人聯想到印度獨立之父莫罕達斯・甘地（Mahātmā Gāndhī）。

請務必透過以下的問題，確認自己的「慈悲」要素：

- 你是否期待並培育某人的成長？
- 你是否正在打造一個充滿安全感、親和力，讓人能夠發揮創造力的安全空間？
- 你是否知道如何有效地稱讚他人？
- 你是否知道如何讓責備成為推動他人的力量？

③ 開朗（幽默、創造性、玩心）

這相當於榮格原型理論的「小丑」形象。具備幽默、創造性與玩心的主角，有以下幾個特徵：

- 快樂且充滿活力。
- 能夠享受旅程（過程）本身。
- 遇到禁止事項，就會充滿想要試試看的心情，並思考要做什麼。
- 能夠活在當下。
- 以好奇心與創造力為動力。
- 具備切換觀點的彈性。
- 具備智者和愚者的雙面性。

請務必透過以下的問題，確認自己的「開朗」要素：

- 你正在創造開心與喜悅嗎？
- 你能與別人共享開心和喜悅嗎？
- 你能夠不忽喜忽憂，而能綜觀全局嗎？
- 你能否享受當下的開心？
- 你是否準備好發揮自己的機智與創造力？

▇3▇ 平衡三項要素

上述的三項要素必須達到平衡，原因如下：

- 缺乏慈悲和開朗的強大，會因暴力和攻擊造成紛爭。
- 缺乏開朗和強大的慈悲，會導致軟弱和依賴。
- 缺乏強大和慈悲的開朗，會淪為膚淺且排他的享樂主義。

以下介紹三項要素的「最佳情況」與「最糟情況」。

① 強大

●**最佳情況**：運用智慧與技能，與他人團結合作，共同創造更美好的世界。

●**最糟情況**：產生衝突、秩序混亂、陷入孤獨。

② 慈悲

●**最佳情況**：創造出互相體諒、各自發揮優勢、互相貢獻的社群。

●**最糟情況**：永遠不滿足、不願貢獻、覺得自己沒有價值。

③ 開朗

- **最佳情況**：創造出積極的動力與動機，有成就感與喜悅，發揮創造力。
- **最糟情況**：什麼事都做不成。

齊備三項要素並達到平衡，有助於從內心更深層的部分來推動對他人的管理。

Column 令人著迷的故事

　　神話學家喬瑟夫・坎伯（Joseph Campbell）一生致力於跨越文化或宗教等背景，研究世界各國的神話故事，因為他想要知道「為什麼這些神話故事會跨越時代、國境，不斷地流傳下來」。他認為，神話當中或許存在什麼打動人類心靈和細胞的東西。換言之，以商場來說，就是隱藏著某些可以吸引下屬或顧客的魅力，並發揮影響力的線索。

　　喬瑟夫・坎伯在研究中發現，許多神話都重複著某個固定的主題，而這個主題能在內心更深層的部分將人類連結在一起。他還發現，在持續流傳的神話中，即便背景或場景設定不同，但它們都具備了普遍且共通的故事結構。坎伯的神話理論被稱為「英雄之旅」（Hero's journey），其故事構造由以下八個步驟所組成。

1) 知天命

　　發現自己的使命，與自己的使命對峙。

2) 啟程

　　過程中，會因為沒有自信或能力不足等這類內在的恐懼，或是因周圍環境的不協調等，產生不利的影響。

3) 跨越門檻

懷抱不安或猶豫的同時，帶著勇氣往未知的領域邁出第一步。

4) 遇見導師

因為跨越門檻的勇氣，得以遇見了導師（mentor）、師父或同伴。

5) 試煉（惡魔）之路

受到惡魔（他人），或是「你不是英雄」、「你沒有能力」這類自己內在聲音的威脅。

6) 改變

主角為了打倒惡魔而改變。

7) 完成課題

致力於解決為了打倒惡魔而必須面對的誤題。

8) 踏上歸途

發現寶物（具有某些價值的東西）後歸鄉。

相信各位已經發現，這些都是曾經在書裡讀過，或是在電影或連續劇裡看過的劇情。

最廣為人知的例子就是風靡世界的電影《星際大戰》（*Star Wars*），劇中也採用了「英雄之旅」的故事結構。另外，在《魔戒》（*The Lord of the Rings*）、《哈利波特》（*Harry Potter*）或《綠野仙蹤》（*The Wonderful Wizard of OZ*）之中，也都能見到類似的結構。這些故事的主角在掙扎奮戰的同時，時而受人之恩，時而幽默以對，設法克服一個個課題。此外，除了主角之外，也一定會出現師父或精靈這類導師般的角色。

不光是神話或電影，自己的工作或人生過程也能解讀成這樣的故事。換言之，團隊或組織達成目標的過程也是如此。

第 **4** 章

達成目標與減輕風險
的方法

① 根據 SMART 法則設定目標

不同組織都會設定各自的目標，但目標必須設定為可實現的。設定目標的方法中，最廣為人知的就是 SMART 法則。活用這個法則，能帶來以下的好處：

- 能避免暫時性的達成或轉瞬即逝的成功。
- 防止倦怠症的發生。
- 能避免無法達成，並持續保有幹勁、自信和成長意願。
- 能設定均衡的目標，並提高工作與生活的水準。
- 獲得能夠產生永續成長與結果的觀點。
- 能考量對周圍的影響，採取具體且確實的行動。

傳統的目標設定，往往都只是表達想法的一種方式，但當社會變得愈來愈多元時，也需要以不同的觀點來設定目標。SMART 是由 Specific（具體的）、Measurable（可衡量的）、Achievable（可達成的）、Realistic（實際的）和 Time-bound（有時限的）這五個英文單字的字首所組成的。

各項重要元素分別如下：

- S：Specific（具體的、特定的）、Simple（單純）
- M：Measurable（可測量的、數字化）、Meaningful to you（對本人而言有意義的目標）
- A：Achievable（可達成的）、As if now（描述得就像現在正

在發生一樣）、All areas of your life（可以適用於人生所有的領域）

- R：Realistic（實際的）、Responsible（可以在自己的領域及責任下進行）
- T：Time-bound（有時限的）、Toward what you want（朝向你想要的）

接下來，以「傾聽顧客的意見，擬定新商品的創意表現」，做為使用 SMART 法則設定目標的範例。

S（具體的）：傾聽 VIP 顧客的需求，在社群媒體上聽取意見。

M（可衡量的）：聽取三百人的意見。

A（可達成的）：最遲要在兩個月內完成。

R（自己的領域）：透過社群媒體或電子郵件發送問卷。

R（實際的）：並非聽取所有顧客的意見。

T（有時限的）：一個月內。

在 R 項，由於金錢與時間成本的關係，不設定為「聽取所有顧客的意見」。而根據上述內容，可將目標描述成「透過社群媒體或電子郵件，在兩個月內蒐集三百位 VIP 顧客的需求」。

這個法則可應用的場合，包括了上司與下屬一對一定期面談或教練式領導、評估面談時的目標設定等。

Column 為工作和生活的成功設定目標

　　為了追求工作和生活上的成功，目標設定是不可或缺的。但另一方面，達成目標的人卻未必會覺得生活充實而幸福。舉例來說，即便達成工作上的目標，仍有不少人因為接踵而來的要求，導致健康或生活的失衡。

　　所以，請先理解「設定目標的優點」、「不設定目標的缺點」後，再活用目標設定的基本原則：SMART 法則。透過學習這些目標設定的技巧，能為自己和成員都帶來持續成長的充實感。

② 根據結果框架設定目標

另一種目標設定方法比 SMART 法則更單純，那就是「結果框架」（outcome frame），是一種活用大腦特徵的精確目標設定方法。所謂的結果（outcome），意指理想的結果（目的地），對目標設定而言是不可或缺的，因為它會讓**控制人類的大腦進行適當的處理**。透過遵循這個框架，我們能夠去思考具體的計畫或針對不利影響的對策。

以下介紹根據結果框架來設定目標的步驟：

❶ 以兩個觀點來描述

設定目標時，把焦點放在你想做的事或理想的狀態，而非你不想做的事。其次重要的是，這必須是一個你能夠由自己開始、維持、管理的領域。

❷ 使用肯定的描述

以下的表達方式，在心理學或腦科學上都是不可取的。

> * 希望自己在人前說話時不要緊張。
> * 盡量不喝酒。
> * 希望自己不窮困、無需為錢煩惱。
> * 希望打造不生病的身體。
> * 盡量不和另一半吵架。

當你試著發聲唸出這些項目，就會明白問題所在。當你說「希望自

己不窮困」之類的句子時，腦海中必須先想像貧窮的狀態，大腦才能夠處理。

「不要緊張」、「不吵架」等句子，也是一樣的道理，在你這麼表達時，若不先在腦海中創造出這個狀態或狀況，大腦就無法處理。但是，當你給大腦這樣的資訊時，大腦就會認知到它是重要的，反而讓你更加意識到這些不想要之狀態的相關資訊。

圖 4-1　否定式表達的影響

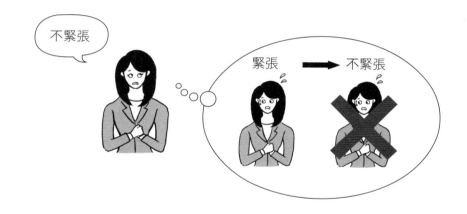

因此，如果你想要表達「不緊張」，那麼使用「落落大方」、「充滿自信」這類的描述，才是恰當的。如此一來，大腦就會自然地將其視為理想的狀態或狀況來處理。

其他換句話說的範例如下：

- 避免出現客訴

  ➡ 搜集顧客滿意的意見。

- 避免再重蹈覆轍

  ➡ 發生失誤時，同時採取因應對策與改善方案。

- 避免職權騷擾
  - ➡ 能站在對方的立場，重視禮節與禮儀。
- 避免自己的言行讓下屬失望
  - ➡ 成為下屬的榜樣。
- 避免精神狀態不穩定
  - ➡ 注意運動、飲食與呼吸，以維持精神狀態的穩定。

據說德雷莎修女就曾經說過：「我不會參加反戰會議，但我會參加和平會議。」這樣的思維方式至關重要。

3 把自己能夠努力的事設為目標

你設定的目標，必須是自己能夠直接推動及維持的事物。因此，要確認目標是否在自己的領域或範圍之內。

使用結果框架來設定目標時，以下例子是不適當的：

- 讓關鍵人物站在自己這一邊
- 年收入翻倍
- 讓孩子考上第一志願

以上的目標全都是與自己以外的某個人相關。

舉例來說，「讓孩子考上第一志願」，主角是孩子，不是你。

以下是設定一個自己能夠努力的目標之範例：

- 準備三十萬日圓，做為孩子上補習班和買參考書的費用。
- 要做出五道有益孩子身心健康的宵夜。

在業務目標上也是一樣的道理，我們常常會看到「簽到十個新合約」、「達到一・三倍的營收」這類描述，但決定簽約和購買的是顧客，並非業務負責人。那些業績出色的組織、團隊或成員，都會決定自己要做什麼。

- 為了拿到十個合約，要把訪問次數加倍。
- 為了達到一・三倍的營收，要開發新商品。
- 為了下屬的教育與動力的管理，每週要進行一次教練式領導。

透過上述的表達方式，接下來自己應該努力的具體行動就會變得明確。為了釐清目標是否為自己的領域、能夠努力的事項，請自問以下幾個問題：

●結果框架：步驟 1 的提問

- 我想要的東西是什麼？（正面表述）
- 為了想要的東西，我直接能做的是什麼？（自己能夠努力的事）

4 描述可顯示目標已達成的證據

NLP 相關概念之一是 **VAK 模式**，這是由 Visual（視覺）、Auditory（聽覺）、Kinesthetic（身體感覺）這三個英文單字的字首所組成的。

人類憑藉視覺、聽覺，以及包含觸覺、味覺、嗅覺的身體感覺，這五感在處理資訊。

所謂 VAK 模式的目的，在於確認自己在達成目標時會看到什麼影像、會聽到什麼聲音資訊、會觸摸到什麼、會有什麼感受，並把這些資訊灌輸給大腦。

舉例來說，如果你的目標是取得某種證照的話，可以根據 VAK 模式，來確認那些可證明目標已經達成的資訊：

- 能夠看到什麼影像？
    - ➡ 記載著證書字號的證照、家人開心的笑臉
- 聲音資訊方面，會聽到什麼聲音，或者聽到誰的聲音？
    - ➡ 「太好了！」的歡呼聲、「加油，現在才正要開始！」的內在聲音、家人說「恭喜！」的聲音
- 會觸摸到什麼？有什麼感覺？
    - ➡ 手拿著證照，從「加油，現在才正要開始！」的決心所萌生出的幹勁與熱忱

　　在工作上來說，則會以「交付成果」來表示，例如，為了開發新商品而搜集顧客意見，那麼就會由這個構想產生「一百份問卷」這樣被數字化（一百）之後的交付成果（回收的問卷）。

　　你如何知道自己已經達成目標呢？請自問以下幾個問題：

●結果框架：步驟 2 的提問

- 達成目標時，我看到了什麼？
- 達成目標時，我聽到了什麼？
- 達成目標時，我觸摸到了什麼？身體有什麼感覺？
- 要交付的成果或數字化後的東西是什麼？

5 讓目標更具體

　　要將目標具體化時，最常用的方法就是 5W1H，這是由 Who（誰）、

Where（在哪裡）、When（何時）、Why（為什麼）、What（做什麼）、How（如何做）等六個英文單字的字首所組成的。

NLP 的結果框架是以「自己能夠努力的事項」為前提，因此，Who（誰）與 Whom（和誰）就會成為重點。

有時，有些目標可能就是靠一個人獨自努力。然而，光是去思考和誰一起推動、什麼樣的人可能會有關聯、想和誰一起努力等等，在實現目標的行動方面的視野會更加開闊，也會增加行動的選項。為了讓目標具體化，請自問以下幾個問題：

●結果框架：步驟 3 的提問

> • 我要在何時與誰一起達成？
>
> • 我要在哪裡及如何執行？

6 確認達成目標所造成的影響

當自己達成目標，或者因自己採取具體的行動，會對周圍造成什麼影響？這是必須要確認的事。在 NLP 領域裡，這種和周遭環境的關係稱為**生態平衡（Ecology）**，結果框架的步驟之一，就是進行生態平衡檢查（ecological check）。

舉例來說，當你決定了「出國工作」的目標時，就必須思考在那個國家的工作與收入。此外，如果你有家眷的話，還需要考慮子女教育或父母照護等觀點。要是你忽視這些問題，而只是朝著目標努力，這種對周圍人不利的狀況，最終也不會為你帶來好的結果。

在商場上，即便定價低到甚至快低於成本，以薄利多銷的方式達成了銷售目標，也不會有未來。在 NLP 的結果框架裡，所重視的是：在設定目標時，這些目標必須要為自己和家人在內的他人、自己和組織、自己和社會等這些關係的雙方，都帶來雙贏的結果。

- 這麼做的話會獲得什麼？
- 這麼做的話會失去什麼？
- 不這麼做的話能夠得到什麼？
- 不這麼做的話會失去什麼？

為了達成目標，在思考什麼必須放手、什麼需要填補的同時，要創造出一個周圍人都認同的狀態。

為了找出妥協及折衷之處，請自問以下幾個問題：

●結果框架：步驟 4 的提問

- 當我達成目標後，會造成什麼影響？（正面與負面）
- 當我為了達成目標而採取行動，會帶來什麼影響？（正面與負面）

７ 確認達成目標所需的資源

所謂的資源，在商場上通常是指人、物、財、資訊這四項。在 NLP 的結果框架裡，可以使用以下兩個觀點，輕易辨認出能夠**活用哪些資源來達成目標**。

① 目前已經擁有的。
② 目前沒有，今後要得到的。

具代表性的資源，包括了金錢、時間、經驗、人脈、技術、工具（電腦或智慧型手機）、自己的內在要素（幹勁、勇氣、決心、體貼的心）等。

為了確認資源，請自問以下幾個問題：

●結果框架：步驟 5 的提問

> - 為了達成目標，我能夠活用且已經擁有的資源為何？
> - 我還需要什麼資源？

當你確認了自己有多少時間與金錢，以及缺少哪些資源，就會更明確地知道自己所面臨的課題了。

8 辨認限制與妨礙

當目標已經十分明確，到了準備採取行動的階段，就要去辨認可能限制或阻礙你的事項。這麼做的目的，並不是要為了做不到某些事來找藉口，而是為了**釐清課題與問題**。

在商業界，為全世界帶來極大影響的蘋果公司共同創辦人史蒂夫·賈伯斯，就曾經刻意對自己的專案採取了否定的觀點。另外，迪士尼樂園的創辦人華特·迪士尼（Walt Disney）也是一樣。他們之所以能創造出豐功偉業，全都是因為懷抱著絕對要實現的夢想與目標，而且為了確實達成它們，以具建設性的評論家角度來重新審視。

在展開新計畫之際，為了找出自己的盲點，在周圍安排具建設性的評論家，是一個廣為人知的做法。史蒂夫·賈伯斯和華特·迪士尼都積極地四處詢問，想要找出自己專案的弱點，或是可能會遇到的阻礙等。這都是為了確實達成目標而採取的行動。

若能抽絲剝繭地找出可能造成限制或阻礙的事物，就能獲得一些擬定具體計畫所需的靈感。

為了讓目標更明確並能立即執行，請自問以下這些問題：

●結果框架：步驟 6 的提問

> ● 目前，阻礙成果的是什麼？
>
> ● 我認為是什麼阻礙了自己？
>
> ● 在不知不覺中阻礙了我的是什麼？

在找出上述的事項之後，剩下的就是訂定具體的因應方案了。

❾ 將目標連結到更高層次的目的

那些達成目標的人，都知道達成目標具備什麼意義，以及將會創造什麼可能性。

舉例來說，對於達成「提高年收入」之目標的人來說，所獲得的利益非常明確，像是讓家人幸福，或是可以在自己的休閒愛好上花錢。此外，達成「升職」之目標的人，可能因此有機會負責更大型的工作，接觸到更多該領域的專家或位高權重者，在人生中更加成長。

把目標連結到更高的層次，也是那些取得成果者的共通之處。如果你的目標是「讓新專案成功」，就要在顧客、社會、世界、下一世代等各個層面上，闡明達成目標的意義。

在 NLP 領域裡，這種將目標連結到更高層次的概念，稱為「後設結果」（Meta-outcome）。為了將自己的目標與更高層次的意識連結，請務必自問以下這些問題：

●結果框架：步驟 7 的提問

> ● 達成目標對我而言有什麼意義？
>
> ● 透過達成目標，我能獲得什麼？
>
> ● 透過達成目標，我創造了什麼可能性？

⑩ 擬定行動計畫

沒有計畫的目標，只能叫做願望。

在 NLP 的結果框架中，為了達成目標的最終步驟，就是擬定行動計畫，稱為「計畫步驟」（planning step）。

所有豐功偉業的共通點都是第一步——最初的行動。無論有沒有能力、有沒有錢、有沒有自信，無論是誰都能踏出第一步。

要是你試著回答了前述的結果框架的提問，應該就能釐清什麼是能從自己開始的事、需要依賴別人的事，以及具體的課題與問題等。關於能夠馬上開始的事，請自問以下幾個問題：

●結果框架：步驟 8 的提問

> • 我能夠馬上開始採取的具體行動是什麼？
> • 首先要從什麼開始？

關於結果框架的八個提問，總結如下：

① 目標是什麼？
② 請列舉達成目標的證明。
③ 在何時、何處和誰一起訂定目標？
④ 當我達成目標時，人際關係和環境會有什麼變化？
⑤ 為了達成目標，我已經擁有的資源是什麼？
⑥ 現在，阻礙我取得成果的是什麼？
⑦ 達成目標具備什麼意義？
⑧ 首先要從何處開始？具體的行動計畫是什麼？

此外，我在進行教練式領導時，有時會加上一個問題：「二十四小時內不可能失敗的一小步是什麼？」這個問題的目的是，讓對方以時間

框架為前提，想像一下自己確實能夠做到的具體行動。

　　如果只問「你要做什麼？」，即便要做的事很具體，但沒有加入何時、到何時為止這類時間軸的話，實際的行動就會變得模稜兩可。所以，我會為了讓對方發現自己在二十四小時內能夠開始的、確實的一步，而在最後提出這個問題。

③ 擬定具體且實際的計畫

　　為了達成目標，將執行事項化為具體的行動計畫（planning）至關重要。在計畫中，要指出為了達成目標所需的方法與步驟，若少了重要的觀點，就有可能發生意想不到的問題與反彈，導致你面臨了必須中斷或放棄的狀況。

　　在 NLP 領域裡，會運用一種稱為「迪士尼規畫策略」（Disney Planning Strategy）的技巧，非常有助於擬定行動計畫。這是以世界一流企業迪士尼樂園的創辦人華特‧迪士尼為藍本，所開發出來的方法。

❶ 迪士尼規畫策略的三個觀點

　　使用迪士尼規畫策略擬定計畫時，需要以下三個觀點。

① 夢想家（Dreamer）的觀點

　　把焦點放在想要什麼、夢想、理想與目標上。維持一個「凡事皆有可能，想要的全都要得到」的心理狀態。

② 現實主義者（Realist）的觀點

　　把焦點放在決定從明天開始的具體行動，要具備時間框架、具體過程、進度管理和機制等觀點。

③ 評論家（Critic）的觀點

　　不光是批評，而是將焦點集中在如何於事前解決風險與問題，也重視維持目前正面的狀況。

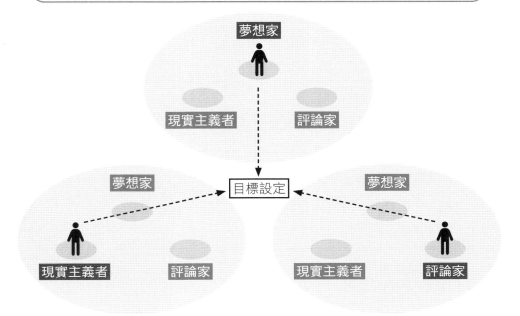

圖 4-2　三個觀點

夢想家

現實主義者　　評論家

目標設定

夢想家

現實主義者　　評論家

夢想家

現實主義者　　評論家

2 來自三個觀點的提問

為了擬定計畫，請自問以下幾個問題。

① 身為夢想家（Dreamer）的提問

在回答夢想家的提問時，重要的是以「**得到所有你想要的**」這種心理狀態來面對挑戰。

- 我想要做什麼？
- 我是為了什麼而想要它？
- 透過這麼做，我能夠得到什麼好處？
- 透過實現目標或專案，會對我的周遭有什麼正面影響？
- 是否有角色模範（榜樣）？
- 希望誰能幫助我？

② 身為現實主義者（Realist）的提問

在回答現實主義者的提問時，重要的是不帶感情，具體地回答「**為了達成目標需要什麼**」，包含時間框架在內。

- 整件事要在何時完成？
- 具體來說需要什麼方法和過程？
  第一個步驟、第二個步驟、第三個步驟分別為何？
- 我要如何管理專案的進度？
- 這會花費多少時間與金錢？
- 我要優先處理的事項為何？

③ 身為評論家（Critic）的提問

在回答評論家的提問時，重要的是對問題與風險**提出建設性的批評與思考**。請透過回答以下三個觀點的提問，來整合並擬定一個均衡的計畫。根據不同的情況，有些項目可能需要省略或更深入地挖掘。

- 由誰執行這個專案？
- 負責的人會要求怎樣的結果與報酬？
- 如果有人反對這個計畫或構想，他們的理由會是什麼？
- 如果以目前的方法可以有所得的話，會得到什麼？
- 為了維持現狀可獲得的成果，我會需要什麼？
- 在導入這個方法時，會造成什麼樣的風險？
- 是否有任何時間或情況，不適合導入這個構想？
- 我欠缺的是什麼？
- 我仍需要加強的是什麼？

4 達成目標所需的行動支援工具

達成目標所需的行動支援工具有三項，① 思考模式、心態；② 幹勁、動力；③ 潛意識。換個表達方式來說的話，則是：① **如何思考的框架，② 實際行動所需的能量，③ 深層心理的活用。**本節將以 NLP 的概念來介紹這三項工具。

1 活用思考模式、心態

NLP 領域中最具代表性的兩種工具，就是 TOTE 模型與假設框架（As if frame）。

① TOTE 模型

TOTE 模型的概念，最早是由認知心理學家尤金・加蘭特（Eugene Galanter）在《計畫與行為結構》（*Plans and the structure of behavior*）一書中提出，說明了人類如何處理資訊。TOTE 是由 Test（測試）、Operate（操作）、Test（測試）、Exit（退出）的英文單字字首所組成的。這是一個回饋的模式，試圖產生有關成果的最佳構想。

- **T**：Test（測試）＝先建立假說
- **O**：Operate（執行）＝實際執行
- **T**：Test（驗證）＝確認是否與目標一致
- **E**：Exit（退出）＝達成目標後結束

這與第 2 章介紹的管理基礎「PDCA 循環」很相似，NLP 的開發者

理查·班德勒（Richard Bandler）導入了 TOTE 模型，以做為取得成果的思考模式。

這個思考模式非常單純，但「是否遵循 TOTE 模型」卻會對達成目標帶來非常大的影響。

無論是任何目標，都會有現在的狀態，而現在的狀態與目標之間，必然存在著差距（課題與問題）。

為了填補差距，我們要建立假說、實際執行，並驗證結果。如果第一次的假說就成功了，便等於達成目標，在完成後即可退出。

如果驗證的結果與目標不同，就要再建立別的假說並重新執行，隨後再度驗證，如果成功了，就是達成目標，可以退出。重複以上的方法，便是所謂的 TOTE 模型。

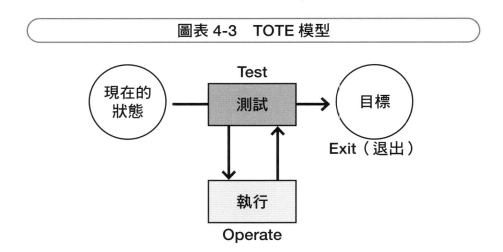

圖表 4-3　TOTE 模型

發明大王湯瑪斯·愛迪生（Thomas Alva Edison），也是持續不斷地做實驗，直到成功為止。有人曾問他，為什麼失敗了還能繼續下去，他的回答是：

「我從來都不曾失敗，只是不斷地發現行不通的方法。」

「只要持續發現行不通的方法，最後唯一剩下來的，就是成功的方法了。」

天才或偉人的想法常常異於常人，而大前提是他們都抱著「一定會成功」的信念去努力。要是無法達成目標，那些成功的人會試圖在方法上下功夫。

但失敗的人往往會覺得「我就是不行」，在自我認知（自我形象）上做出批判，而非聚焦於做事的方法。重要的是測試這些方法，而非自責。成功的人會把**焦點放在行動上，並不斷地改變行動**。

這樣的想法對於管理者本身，以及正在培育的下屬和成員，都是非常有益的。

② 假設框架（As if frame）

一般而言，「決策」是管理者的工作之一。要執行？要諮詢？或是以其他的方案來替代？這些全都需要管理者的決策。

一旦在執行後發現錯誤，就要即時修正。要是不執行的話，隨著時間不斷流逝，可能是維持現狀，也可能損失了機會。而「維持現狀」這個說法，在現今社會已經是「退化」的意思了。

「假設框架」這項工具的特點，在於透過「如果是○○○，他會怎麼做呢？」這樣的提問，**激發我們能像自己崇拜或欣賞的人那樣思考**。你可以活用一些基本的問題，來思考自己的角色模範會怎麼想。

以下舉出具體人物來提問。

- 如果是湯瑪斯・愛迪生，他會怎麼想呢？
- 如果是史蒂夫・賈伯斯，他會怎麼做呢？
- 如果是澀澤榮一（日本資本主義之父），他會做什麼呢？

活用提問的能力，你的思路將會更開闊，也更有機會得到其他的選項。除了歷史人物之外，漫畫或電影的主角也可以成為想像的對象，請試著發揮想像力。

此外，這個框架也可以簡化成「如果可以的話」，或是活用成「如果可以克服這個障礙的話，我能做些什麼呢？」。

2 活用幹勁、動力

相信各位都知道幹勁或動力的重要性。即便你知道該做的事是什麼，但要是沒有能量的話，就無法採取行動。所謂的動力，就是動機，接下來就要介紹**行動所需的能量**。

要維持幹勁或動力這類能量的有效方法之一，就是 NLP 領域裡的**設定心錨**（anchoring）。這是一種活用生理反應以提起幹勁、提高動力的方法，而不是氣勢、努力或毅力之類的精神論。這個技巧能透過將充滿幹勁的理想狀態，與做為刺激的觸發器（trigger）連結在一起，進而隨時從自己的內在喚起該種狀態；用一句話來說，這就是「**制約**」（conditioning）。

關於制約理論，最廣為人知的就是巴夫洛夫的狗（Pavlov's Dog），牠是醫學家伊凡・巴夫洛夫（Ivan Pavlov）在以下實驗裡的狗。

- 餵狗吃飼料時就搖鈴。
- 重複這個行為數次。
- 光是搖鈴，狗就會流口水

換言之，狗的大腦把「搖鈴」（刺激）和「被餵食飼料」連結在一起，所以光是搖鈴，狗就會開始流口水（反應）。

圖 4-4　巴夫洛夫的狗的實驗結果

【刺激】鈴聲 → 【反應】流口水

在生活周遭，我們也能看見這樣的制約。

- 在店內聽到〈晚安曲〉響起時，就會想著：「要關店了，得回家了」、「要關店了，趕快○○」。
- 在街上聽到懷念的連續劇主題曲時，就會回想起當時的事。
- 在畢業紀念冊裡看到初戀情人的照片時，就會喚起一種戀愛的感覺。
- 聽到週日深夜節目的片尾曲響起時，不禁覺得：「明天又要上班了，好討厭！」

此外，在商業界也常見到以下的制約。

- 聽到某個員工的聲音，就會讓人無法心平氣和。
- 聽到某個下屬常說的一句話，就會分心。
- 當對方充滿朝氣地向我打招呼時，就會提起幹勁。

上述這些情況，我們可以用圖 4-5 中的 X ➡ Y（當出現刺激 X，就會發生反應 Y）來表現。

圖 4-5　刺激 X 與反應 Y 的關係

【刺激 X】
· 晚安曲
· 主題曲
· 畢業紀念冊
· 片尾曲

【刺激 Y】
· 回家、著急
· 當時的回憶
· 初戀的感覺
· 討厭要上班！

　　藉由有意地搭配「刺激 X」與「反應 Y」，就能營造出符合該情境的確切狀態（state）了。活用 NLP 的設定心錨，有以下好處。

- 緩和提案時的緊張狀態，並創造出充滿幹勁的狀態。
- 消除在會議上被要求發言時的不安，並創造出帶著自信說出意見的狀態。
- 舒緩討論時的憤怒，並創造出充滿玩心、富有彈性的靈活狀態。
- 出錯時能喚起笑容，就能夠轉換心情，進入繼續努力工作的狀態。
- 在證照考試等的準備進度不理想時，能夠進入集中精神的狀態。
- 因為電車上客滿而覺得焦躁時，能夠進入放鬆、從容不迫的狀態。
- 無論發生什麼事，都能創造出「一定要達成」、充滿決心的狀態。

　　設定心錨法能讓我們的身心處於更容易發揮出色表現、超越自我的

狀態。運動選手為了發揮出色表現，所運用的姿勢（pose）和一連串的動作（routine，例行公事）等，也是設定心錨的一種。

以最淺顯易懂的例子來說，就是鈴木一朗在打擊區的姿勢（圖4-6）。其實，就是這個姿勢成為刺激，讓他打造出能夠集中精神來打擊的狀態。

從過去的經驗中，回想起幹勁、專注力、自信這類理想的狀態（state），然後再設定可以成為開關的觸發器（trigger），其具體步驟將在第5章第2節說明，在日常生活中，戰鬥服、喜歡的文具和筆記本等這類物品，都能充分發揮設定心錨的效果。

> ## 圖 4-6　鈴木一朗的姿勢

3 活用潛意識

NLP 領域裡有一種活用潛意識的工具 —— 提升自我形象（self-image)。所謂的自我形象，是指**對自己的認知**。

正面的例子如下：

- 我是有能力的。
- 我是優秀的。
- 我才華洋溢。
- 我很出色。
- 我是有價值的。

負面的例子如下：

- 我沒有能力，也沒有才華。
- 我總是給別人添麻煩。
- 我總是讓別人不幸。
- 我不值得成功或幸福。
- 我沒有價值。

一旦你的自我形象不健全，即便你知道本書介紹的技巧、技術，或是其他書籍或報導中記載的技巧或知識，也不會試著活用。

就如同電腦或智慧型手機裡，若沒有作業系統就無法啟動一般，在潛意識的領域中，若缺乏健全的自我形象，無論有多好的應用程式（有效的技巧），也無法化為行動。

當一個人的負面認知太強時，甚至可能無法設定目標。因此，將潛意識層面的自我形象，改寫成具建設性的描述，是至關重要的。

此時，NLP 領域裡名為「**模仿**」的心理訓練，就是很有效的實踐方式。

圖表 4-7　自我形象的定位

電腦或智慧型手機

應用程式

作業系統

若沒有作業系統，
應用程式就無法啟動

我們

方法

自我形象

若缺乏適切的自我形象，
即便我們知道方法也無法行動。

　　所謂的模仿，是指決定一個自己想要成為的人物（角色模範），透過像該人物那樣地思考、行動，逐漸將該模式內化的技巧。

　　要是有某個人已經達成自己所設定的目標，就觀察並模仿這個人在想什麼、如何執行某件事。重點在於模仿對方的手勢、動作等，透過實際活動身體，來**活用身體的感覺**。詳細內容將在第 6 章第 1 節和第 2 節中說明。

第 **5** 章

基礎思考訓練

1 管理者進行思考訓練的必要性

1 設定心錨的基本步驟

若管理者本身缺乏工作成就感、沒有活力或能量、無法控制情緒，換言之就是精神不穩定的話，也會對團隊或成員的精神狀態、動力或表現造成影響。

正如第 4 章所介紹的，NLP 領域將精神視為狀態的一部分，並以「狀態」（state）一詞來表現。此處所指的狀態，不只是心情或情緒之類的東西，也包含了身體的狀態。

在進入設定心錨的步驟之前，首先你必須決定要將什麼刺激（X）與什麼狀態（Y）連結在一起。

「心錨」一詞源自於船錨，當你把船錨丟進海裡，無論面臨什麼樣的狂風巨浪，都能把船固定在原地。所以，首先要決定是什麼樣的錨（X），再決定要得到什麼狀態（Y）。

2 設定心錨的具體步驟

我們以「幹勁」這個狀態為例，來說明設定心錨的步驟。此外，在下一個部分要介紹使其有效的六個重點，請先讀完之後，再實踐這裡說明的步驟。

1) 決定刺激
例如：舉起右手握拳的勝利手勢

2) 選擇想要打造的狀態
例如：幹勁

圖 5-1　決定刺激（錨）與狀態

3) 尋找過去曾經「幹勁十足」的時刻

例如：

　　·學生時代的社團活動比賽之前或表演前

　　·被公司錄取後上班的第一天、升職後的第一天

　　·當情人、家人或重要的人對你說「加油！」「我很看好你！」

4) 進入當時「幹勁十足」的自己的內在，回想看到的景象、聽到的聲音（別人的聲音或自己的聲音等）、身體的感覺。

例如：當你的成就得到公司的肯定、獲頒獎項時

　　→看到的景象：上司或同事祝福的笑容

　　→聽到的聲音：稱讚的拍手聲、上司說「恭喜」的聲音、自己內在「太棒了！」的喜悅聲音

　　→感受到的情緒：喜悅、成就感、高昂感、更加充滿幹勁

5) 如果進入了能夠深刻感受到以上項目的狀態時，就擺出 1) 的姿勢。

6) 感受到「幹勁」後，在即將達到最高峰狀態的前一刻，馬上鬆開這個姿勢。

7) 輕輕搖擺身體，解除剛才感受到的「幹勁十足」狀態。

8) 重複步驟 3) 到 7) 數次，確認擺出姿勢時「幹勁」是否湧現。

當你一擺出姿勢，就能湧現「幹勁」，就代表心錨設定好了。

3 設定心錨的六個重點

在知道具體的步驟之後，重要的是要有效果。在你還沒習慣之前，當然會擔心設定心錨是否真的有效。因此，接下來要介紹使其發揮效果的六個重點，幫助你更快地活用設定心錨。

① 盡可能選擇明確且強力的體驗

為了設定心錨，建議你可以先把過去的成功體驗、克服困難的體驗、感謝的體驗、大笑的體驗、幸福的體驗等，全都列成清單。你必須選擇印象深刻且強而有力的體驗。

② 用自己的觀點去回想

以自己的觀點重現並深刻感受強而有力的體驗，也很重要。重點不是回想起成功的自己，而是去看自己當時看到的，去聽當時聽到的，去感受當時感受到的，並設法重現。

不妨試著實際重現當時的身體姿勢、呼吸或動作，直到身歷其境，彷彿正在體驗當時那一刻為止。若當時現場有獨特氣味的話，就要活用五感，彷彿聞到那股味道般地沉浸在體驗裡。

③ 設定具獨特性的觸發器

第 4 章第 4 節曾提到，做為刺激的誘因稱為「觸發器」（trigger），而設定觸發器之所在是很重要的。如同飲料自動販賣機，按了茶飲的按鈕，掉下來的就會是茶飲，按了咖啡的按鈕，掉下來的就會是咖啡，請你一定要明確設定好觸發器。

在前文的例子中，觸發器就是「舉起右手握拳的勝利手勢」等。請別使用經常擺出的姿勢，要使用具獨特性的事物，以便確實喚起你想要的狀態。

④ 留意解除刺激的時機

回想當時的情景，當情緒或心情之類的感受開始高昂起來時，就擺出姿勢。然後，很重要的是，要認知到狀態並不會持續高昂，而是如圖5-2所示，會有一個高峰。當你感覺到即將抵達高峰時，就要馬上在開始下降前鬆開姿勢。

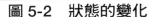

圖 5-2　狀態的變化

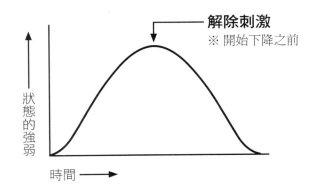

⑤ 反覆連結刺激與狀態

重複是一種力量。透過不斷地重複，你設定的心錨就會獲得強化。

⑥ 在健康狀態下執行

設定心錨的目的，在於利用身體的生理反應，以便在大腦中建立程式。因此，要是你在快要感冒或睡眠不足這類狀態下進行設定，將無法順利產生連結。請在調整好健康狀態後，再開始進行。

② 設定心錨法的應用方式

■1 設定心錨的三個時間軸

　　心錨不只可以透過回想過去發生的事來設定，也能從未來或現在的視角來設定。換言之，設定心錨有以下三種時間軸。

① 用過去的事件設定心錨

　　前一節所說明的例子，就是根據過去的事件、經驗和資訊來設定心錨。

② 用對未來的想像設定心錨

　　舉例來說，你也可以用想像未來的狀態，像是達成目標時能獲得什麼樣的喜悅等，來設定心錨。在實現願望或達成目標這類傳統的自我提升法中，常常會提及「活靈活現地想像達成後的狀態」。

　　在 NLP 領域裡，則可以活用第 4 章第 2 節所述的 VAK 模式的五感，在腦海中創造出自己已經達成目標時的狀態。重點是身歷其境般的想像，讓自己充分沉浸在達成目標時所看到的情景或景色，所聽到的周圍聲音或別人的聲音，以及自己身體的感覺，然後再設定心錨。

③ 用現在發生的事設定心錨

　　舉例來說，利用在現場表演或演唱會中，大家團結一心或亢奮的感覺，或者達成某件事的瞬間，來設定心錨。用下屬充滿幹勁、想要感謝下屬的瞬間等來設定心錨，也很有效。

　　如果想要運用笑來設定心錨，就可以用看電視或網路影片時噗哧笑出來，或是快要笑出聲的時刻做為刺激。

設定心錨時，**最強烈的時間軸，其實就是當下的這個現在。**

2 刺激的應用

截至目前為止所介紹的，都是利用「姿勢」這種身體的刺激來打造狀態的例子，但也有身體以外的刺激，像是利用「工具」和「聲音資訊」這兩種刺激來打造狀態。請參考以下的例子。

① 透過工具的刺激

包括照片、旅行途中撿拾的貝殼或石頭等，都可以成為當時回憶的物件。如果是家人的照片，就能夠成為設定「幸福、感謝、決心為家人努力」等心錨的刺激。

② 透過聲音資訊的刺激

例如喜歡的音樂或歌曲、某人的聲音、自己的聲音等。相信許多人都有一些聽了就能提起幹勁的歌曲。包含歌曲在內的聲音資訊，對於打造出理想狀態都是有效的刺激。

此外，家人或情人這類重要人物的聲音訊息或影像訊息等，也都能當作刺激來活用。還有，自言自語的自我肯定（affirmation，自我宣言、自我暗示）也是有效的方法。

在體育界，為了追求最佳表現，在上場比賽前聽喜歡的歌曲，或是活用對自己的自我肯定，都是眾所皆知的作法。

因此，我們可以活用五感來製造刺激。請務必試著從所見、所聞、所接觸的東西，來設定有效的心錨。

③ 讓思考更靈活的訓練

■1 改變事物意義的換框法

藉由心理框架（frame），**改變對人事物的印象或意義，以創造更接近理想的有效狀態**，就稱為換框法（reframing）。

換框法有助於在瞬間改變我們對工作或人生的看法。在失敗、因懊悔而裹足不前、壓力過大等時刻，要是你能改變對走投無路之現況的認知，就能找出新的選項。此外，當下屬處於停滯不前的狀態時，換框法也非常有幫助。

接下來，先說一個故事。

從前，有個住在國境附近的老人養了一匹馬。

有一天，這隻馬逃走了。

幾個月後，這匹馬帶了一匹名駒一起回來。

老人的兒子開心地騎上了這匹名駒，沒想到卻從馬背上跌落，摔斷了腿。

不久之後，戰爭爆發，有許多年輕士兵戰死於沙場。

但那摔斷了腿的兒子，卻因此免除兵役，逃過了一劫。

這就是「塞翁失馬，焉知非福」的故事，它的啟示之一就是，萬事萬物都沒有所謂的好壞，都是中立的。而我們賦予事物什麼意義，就決定了我們的人生。

即便你明白了對事物的觀點和思考模式很重要，改變想法也很重

要，卻無法真心接受並認同的話，你的工作和人生就會停滯不前，無法成長。

而且，就算你想要改變觀點和思考模式，也想要成長，卻不知道具體該怎麼做，或是不知道該對別人說什麼話，就無法付諸行動了。

因此，換框法是一種能夠為事物賦予肯定意義的有效作為，只要學會它，你就能獲得以下的效果：

- 把失敗變成學習的機會。
- 把逆境變成發掘才能或成長的機會。
- 把挫折變成提升工作或人生價值的機會。

換言之，一旦失敗、逆境或挫折這類負面要素消失了，在工作或人生中發生的每件事，都能成為讓自己成長的泉源。

而且，不僅是對自己，對於重要的家人、想要為他加油的朋友、職場上一起分享成果的人，這都能帶來更好的影響。這些經驗將能提升自己的存在價值，並拓展朝下一個階段成長的可能性。

2 換框法的效果

首先，請看下面這張圖。你覺得看起來像什麼？

拉遠一點看的話，你會發現它是某幅畫的一部分。

再拉更遠一點的話，你可以看到它是一幅貓的畫的一小部分。

接下來，請看下一幅畫。這是一幅魚的畫。

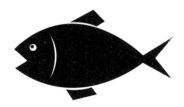

如果再加上一隻魚的話，就會創造出「在追一隻魚的魚」的意義。

如果再出現一隻更大的魚，又會創造出「在逃的魚」的意義。

　　如上所述，你所理解的現實和意義，往往取決於你透過什麼樣的框架來看待，並且會隨之改變。

　　※ 參考文獻：*Encyclopedia of Systemic Neuro-Linguistic Programming and NLP New Coding* By Robert Dilts and Judith DeLozier.

　　以下是我在大學畢業後，剛成為社會新鮮人時的體驗。當時的上司在存錢這件事上，給了我一些建議。

　　上司：你最好從現在就開始存錢。最好把薪水的兩成存起來。
　　我：這太辛苦了啦！

又過了一會兒，上司給了我以下的建議。

上司：那如果目標是用薪水的八成來過活，這樣感覺比較可行吧？
我：這樣的話好像可以喔！

現在想想，發現自己真是一個單純的菜鳥。只要算一下就會發現，這兩個說法根本是同一件事。就像這個例子，對於感覺困難的事，只要換了一個框架，也能變成「感覺可行的事」。

此外，在因為疾病而必須接受手術時，如果醫師像以下這樣說明，你會同意接受哪一個手術呢？

- A：這個手術的死亡率是 10%。
- B：這個手術的存活率是 90%。

相信你應該會同意接受 B 手術吧？但是，只要你算一下就會明白，上述兩個手術的機率是一樣的。所以，框架也會影響我們的判斷。

萬事萬物都是中立的，為事物賦予意義的，是自己的心理框架（frame）。如圖 5-3 所示，當自己或下屬處於失落沮喪、有煩惱或問題、停滯不前之類的狀態時，可以運用換框法來發現新的選項，打造出邁向理想的有效狀態。

圖 5-3　換框法的效果

停滯不前的狀態
煩惱、問題、
沮喪失落等
停滯不前的狀態

換框法

理想的狀態
新的選項、
幹勁和
有新發現的狀態

以下是我第一次當上管理者時的體驗。

當時，團隊的使命是要致力達成比前一年實際業績多出十倍的營收。顯而易見的，「十倍的營收」是一個就算擬定計畫也很難達成的數字。我沒日沒夜地嘗試執行所有腦海中浮現的構想，也迅速地運作了TOTE 模型。那是一個不存在「黑心企業」這種說法的年代。我無論醒著、睡著，都想著業績的事，而當時我有一位得力助手──成員 A。

成員 A 一直以來的職涯規畫，不是選擇社長室，就是選擇經營企畫室。我問他為什麼，他說想要學習的不是書本或教育訓練上傳授的知識，而是想要就近觀察真正有能力的人在想些什麼、經常掛在嘴邊的是什麼、採取什麼樣的行動。這真的是很具策略的職涯選擇。

我和 A 一起挑戰了營收十倍的壯舉，但即便有很多構想，卻沒時間去執行，所以我老是說「沒時間」、「沒時間」。也就是說，當「沒時間」這句口頭禪愈常掛在我的嘴邊，我就愈是被時間追著跑。

然而，因為 A 的一句話，我的世界瞬間改變了。這句話就是，「足達先生，您最近老是說沒時間、沒時間，我看過那些真正有才能的人，他們的口頭禪就是『沒時間』呢！」這就是所謂的換框法，各位能否體會到我的世界在瞬間改變了呢？因為我當下的感覺是：「呃，你的意思是說……我是有才能的人？」

短短的一句話，就讓我覺得自己也是有才能之人，也因為這樣的經驗，A 成為對我而言重要的支柱、可靠的夥伴。加上 A 本來就是我很信賴的人，他的存在價值也一口氣大幅提升。

透過學習並實踐換框法，就能對重要成員助一臂之力。此外，換框法也能快速提升你在成員間的評價。

④ 換框法的種類

　　換框法有助於將停滯不前的狀態變成能夠邁向理想狀態，主要分為狀況換框法與內容換框法這兩大類。以下，將根據案例說明這兩種方法分別運用了什麼樣的心理框架（frame）。

❶ 狀況換框法

　　所謂的狀況換框法，是指重新檢視狀況或背景的框架，看看那個人**或物在其他什麼狀況下能夠派上用場**。

　　例如，在電車上大聲說話而造成其他乘客困擾的麻煩人物，在發生事故或災害之類的緊急狀況下，這個大嗓門就能派上用場。跟那種愛在雞蛋裡挑骨頭、重視細節的人對話，總是讓人膽怯、覺得心累，但在會計這類處理數字的工作，或是警察、醫師這類不能放過每個細節的工作上，這樣的性格卻成為重要的資質。

　　因此，就算某些人或物在目前的狀況下沒有發揮作用，在其他狀況下卻可能成為有用的資質或資源（resourse）。

　　以商品來說，便利貼就是一個很好的案例。便利貼的由來，其實是針對強力黏著劑進行開發，投資了龐大資金與時間後卻失敗，所得到的黏性液體，然後將其打造成新文具，卻意外引發流行。雖然這在黏著劑的開發上是失敗了，但「貼了又掉，再貼還是掉」的性質卻到關注，並在製成其他商品（便利貼）後，變成一個成功的案例。此外，效用不大的感冒藥原料，在經過些許加工後，卻成功創造出可口可樂。

　　這類案例不勝枚舉，而且都是來自狀況換框法。所以，在遇到發展不如預期的人或物時，基本原則就是要去思考他們在別的地方能否派上

用場、發揮機能。

❷ 內容換框法

所謂的內容換框法，也稱為意義換框法，就是對於萬事萬物，思考**它是否有什麼其他的含義，或是具備什麼樣的正面價值**，重新檢視創造內容（意義）的框架。

舉例來說，因為被裁員而失去工作時，除了對自己不被肯定而感到衝擊外，也會因為失去收入而感到不安。當然，一般來說，這怎麼想都不是件好事，但我們仍能從中找出一些意義。即便失去工作的狀況是相同的，我們仍能將其視為正面的機會，並從中找到一些意義。

- 有機會找到真正想做的工作。
- 有機會發揮自己的才能。
- 有機會獲得遣散費與自己的時間。
- 有機會擺脫討人厭上司的指示。
- 有機會能按照自己的意願生活，重新再出發。

每當人身處於「我不行了！」這種停滯不前的狀態時，總會不自覺地以為那件事已經結束了，將其評斷為一個獨立的事件，很難用「這是過程的一部分」的框架來看待。也就是說，沒有意識到世界上**存在所謂的過渡期**。

那些被稱為偉人、發明家或成功人士的人，都經歷了比別人更多的逆境、挫折與失敗。但他們每次都會從中學習，檢討該怎麼做才能行得通，把失敗、挫折等化為學習成長的機會。

人生總是起起落落，會遇上好事，也不免遇上壞事。時間是流動的，狀況也並非一成不變。若能帶著「所有事物都是中立的，都是通往未來

之過程的一部分」這樣的框架，那麼失敗或挫折的狀況，就能成為學習的機會，以及進一步成長的開端，讓我們有機會去發現自己需要什麼。

- 有機會得知某些事就是會事與願違。
- 有機會發覺尚未發現的重要意義。
- 有機會學習什麼才是重要的。
- 有機會停止做某件事。
- 有機會開始做某件事。

因此，基本原則就是「改變認知」。

Column 換框說法的例子

　　管理者 A 因為學習了 NLP，在工作上創造出驚人的業績。因此，相當於 A 的上司的董事 B，覺得自己的地位快要不保了，就開始找 A 的碴。這無疑是嫉妒。

　　A 因為上司作梗而導致業績停滯不前，欲哭無淚地回到自己的辦公桌前，大嘆了一口氣。A 的下屬，負責行政工作的 C，聽到了 A 的嘆息聲，上前表示關心：「怎麼了？發生了什麼事嗎？」A 對 C 吐露了心聲，說：「其實，B 對我做了這些事……真是讓我吃足了苦頭啊！」沒想到 C 卻說：「成功的人，果然就是要經歷一連串的逆境呢！」

　　A 聽了之後大吃一驚，不禁問道：「真的嗎？」C 說：「是的，我覺得 A 先生您是會成功的人。所以，會成功的人，就是會經歷一連串的逆境。」C 的這句話，對 A 而言就成了換框的一種說法。當你遭遇危機或逆境時，有人對你這麼說的話，你所看見的世界是不是會有所改變呢？

5 實踐換框的六種方法

　　本節將介紹在自己或下屬停滯不前時，如何進行換框的六種具體方法。

1 改變字彙定義的換框法

　　這是一種改變字彙的定義或含義，進而打破停滯不前的狀況，創造出可以繼續前進之狀態的方法。

　　就拿「頑固」這個詞來說，它有固執、不知變通這類的意思，但另一方面，它也內含了一個人很有主見、提供絕不妥協的優質商品或服務、不畏懼上司或下屬的立場而能表達自我主張等。因此，如果下屬為「自己太過固執、不知變通」所苦，你可用以下的對話來換框。

　　下屬：我就是頑固又不知變通。

　　上司：所謂的頑固，是指不輕易妥協，對凡事都有主見。這對做好
　　　　　工作來說，是很重要的要素。

　　此外，如果下屬煩惱自己「沒有耐性」，你可用以下的對話來換框。

　　下屬：我總是一下子就感到厭煩、沒有耐性。

　　上司：所謂的沒有耐性，是因為馬上就想要採取下一步的行動。這
　　　　　是你具備決斷力與行動力的證據。正因為你對資訊高度敏
　　　　　感，才會接受各式各樣的資訊。

字彙定義換框法的重點就是，當 X ＝ Y（X 是 Y）或 X ➡ Y（因為 X，所以 Y）時效果更佳。

① X ＝ Y 的例子

X ＝ Y 是指「（所謂的）○○就是指△△」的表達方式。以下介紹幾個例子。

●失敗或懊悔沮喪

「（所謂的）失敗，證明你採取了某些行動。『最糟的失敗』是你什麼事也沒做，而失敗則是你勇於挑戰的證據。」

●面對公司同儕會感到自卑

「（所謂的）自卑，證明你掌握了理想與現實的差距。正因為你對於想要達成的目標有成長的動力，才會萌生這樣的心情。」

② X ➡ Y 的例子

X ➡ Y 是指「（正）因為○○，所以☆☆」的表達方式。以下介紹幾個例子。

●失敗或懊悔沮喪

「（正）因為失敗了，所以你應該可以學到一些東西。比起成功經驗，從失敗中學習，更具有價值。」

●面對公司同儕會感到自卑

「（正）因為感到自卑，人才會有所成長。」

圖表 5-4 中提供了一些參考範例。

圖表 5-4　改變字彙定義的換框範例

說詞	換框
頑固	面對上司也能堅持表達自己的意見，能夠成為發言人，負起責任做到最後。
沒有耐性、容易感到厭煩	決定之後就能立即採取行動，很快就能判斷局勢，具備起跑後的瞬間爆發力。
缺乏自主性或自發性	能夠尊重別人的創意或想法，可以成為支持者，傾聽他人的發言或意見。
粗線條	坦率地說出什麼是必要的，協助重新建構想法和成見。
意志薄弱	能夠掌握狀況、臨機應變，會聽別人說話。
易怒	感情豐沛、坦率、具人情味、誠實、不說謊。
缺乏自信	能夠不帶偏見、中立地看待事物，具備廣泛學習的視野。

2 用假設框架來換框

　　如第 4 章第 4 節所述，所謂的假設框架，是一種以「如果○○的話」的提問，從停滯不前的狀態中轉換框架，以拓展可能性與想法的方法。舉例來說，當某個工作停滯不前時，你可以試想以下的狀況。

- 如果要在今天之內完成的話，我需要採取什麼行動？
- 如果是工作表現優秀的○○前輩的話，他會怎處理呢？
- 假設我能按時完成這項工作的話，剩下的時間能做些什麼呢？

　　具體來說，可以活用下列的提問。

- 如果我做得到的話，會發生什麼事呢？
- 如果我表現得像是自己能做到一般，會有什麼樣的心情？
  會迸發出什麼想法呢？

- 假設我能夠做到的話，會採取什麼行動並執行呢？
- 如果是我敬重的上司，他會怎麼克服這個狀況呢？
- 如果是坂本龍馬遇到這個狀況，他會先思考什麼呢？
- 如果三天就能解決這個問題的話，我在剩下的時間能夠做些什麼呢？

就算是同樣的工作，對經營高層、中階主管、一般員工、菜鳥等而言，所代表的意義或含義都會因各自的立場而異。試著改變自己的立場，就能從更多的面向來看待這項工作。

其實，我們在不知不覺中都經常使用這類換框法。所以，重點在於**有意識地活用**在自己或周遭的人身上。

那些陷入僵局、停滯不前的人，很容易把假設框架運用在負面方向，例如：

- 如果我失敗了，該怎麼辦？
- 如果我做不到的話，要找什麼藉口才好？

光是想像就能理解，這並不是什麼好的框架。請有意識地、具建設性地活用假設框架。

3 用時間框架來換框

這是一個運用時間框架來找出不同意義的方法。

如前所述，當人覺得「我不行了！」，陷入停滯不前的狀態時，往往無法用「這是過程的一部分」這個框架來看待事物，在潛意識中就會評斷這是具持續性的事件。然而，不同的框架也能改變這樣的認知。

時間軸的框架有兩種，分別是「從未來看現在」的換框法，以及「好險是現在」的換框法。

① 從未來看現在的換框法

這是一種運用提問，把時間軸從固定的框架轉移到未來的換框法。

舉例來說，發生某個失敗事件時，可以自問以下的問題。

- 如果這是一個能夠活用在將來的學習機會，我可以學到什麼？
- 如果這是一個追求進一步成長的機會，我要從什麼開始？
- 如果這是一個為了將來而要停止或放棄什麼的機會，對象會
  是什麼？
- 如果能夠重來一次並活用在自己的職涯裡，我會做什麼？
- 這件事在十年之後看起來會是什麼樣子呢？
- 以成長並順利晉升的自己的角度來看，我能為現在的自己提
  出什麼樣的建議呢？

這個方法與前述的假設框架或許有些類似，但本項的目標在於**時間框架的轉移**。

② 好險是現在的換框法

這是一種覺得「某件事好險是現在發生，而不是在未來發生」的換框法。

舉例來說，假設在活動前一天，發現要派發的活動傳單上有錯誤內容，負責人當然會哀嘆著：「好不容易印好的傳單，竟然不能用了。」此時，換成以下這種想法：「好險是今天發現了。如果是當天的話，可就更麻煩了。」就能幫助我們把不自覺地放大的悲劇情節，轉移到成功迴避危機的框架裡。

此外，當職場新人在工作上遇到麻煩而沮喪失落時，也可以用以下這種說法來換框：「進公司之後能早一點有這樣的經驗是很好的，可以活用在今後的職涯上。」

甚至，當小孩因考試成績不理想而沮喪時，也能用「好險不是正式的考試。為下次做好準備吧！」的說法，來轉換成「現在發生這件事非常幸運」的框架。

基本上，目的就是轉換到「好險是現在發生。接下來想想未來吧！」的框架。改變框架，認知到好險是現在發生，**這對自己和周遭的人來說，都是更健康的心態。**

4 用 Want 框架來換框

面對停滯不前的狀態，以 Want（願望），也就是「取而代之，你想怎麼做呢？」的形式來提問，自然地轉換到打破現狀框架的方法。

舉例如下：

對方：我才不想要被那個人說我是○○！

己方：如果你不想要他說你○○，那你希望他怎麼說你呢？

對方：我希望他稱讚我做了△△。

己方：這樣啊！那麼為了讓他稱讚你，不妨想想你能做些什麼吧！

這樣一來，就創造了一個讓你思考未來的框架。

此外，如果對方處於緊張或不安的狀態時，你可以這麼說：

對方：明天就要提案了，我好緊張！真擔心！

己方：你想用什麼樣的心情，來取代緊張或不安呢？

這樣一來，就是藉由 Want 框架換框到未來。

這種關於「想要怎麼做」的提問，會改變人類所思考的世界。當然，這個方法也能活用在自己身上。當我們陷入不安或恐懼的狀態時，腦海中浮現的話大多是：「哇！我該怎麼辦？」然而，透過「哇！我想要怎麼做呢？」這樣的說法，可以調整情緒，為你的視野和思考都帶來變化。

5 先拆解，再換框

如同第 5 章第 3 節介紹的貓和魚的畫，要是先拆解再轉換焦點後，我們所理解到的現實與資訊的意義，也會隨之改變。本項將介紹拆解框架的換框法。

舉例來說，當對方因為「自己沒有能力」而停滯不前時，你可以試問以下的問題：

- 具體而言，你覺得自己缺乏什麼樣的能力？
- 在什麼樣的場景裡，你會特別覺得自己沒有能力？
- 你覺得自己是多麼沒有能力？
- 你覺得自己大概有多少能力？
- 你有多少次覺得自己沒有能力？
- 你總是覺得自己沒有能力嗎？
- 你從來沒有覺得自己有能力嗎？
- 是誰決定你沒有能力的？
- 你的沒有能力，是跟誰相比？
- 你的沒有能力，是跟什麼相比？
- 為什麼你會知道自己沒有能力？

因此，請徹底且仔細地確認每個部分。

此外，在你覺得「有很多事情要做，好辛苦」、「那個人總是對我很冷淡」的時候，也算是停滯不前的狀態，可以試著透過拆解每個環節來進行換框。

① 「有很多事情要做，好辛苦」的情況

> - 所謂的很多，具體而言是什麼？
> - 究竟有多少件？
> - 到做完為止，要花多少時間？

當你在腦海中進行整理時，有時會意外發現其實只有一、兩件事，或是其實能比想像中更快完成。

② 「那個人總是對我很冷淡」的情況

> - 他總是這樣嗎？
> - 一週裡，他大概有幾天會這樣呢？
> - 以時間來説，一天中大概有多久呢？
> - 對方的什麼舉動，讓你覺得冷淡呢？

有時，你會發現這個狀況並不是每天都發生，可能是一週裡只發生一次或幾分鐘的事。

因此，當我們仔細且具體地去拆解狀態裡的每個環節時，往往會發現它是一種臆測或偏見。當我們進入「這並非事實，只是我的臆測」的框架時，就能處於更健康的狀態。

當你要把換框法實際活用在周圍的人身上時，先說出「或許你覺得

這是個奇怪的問題，但請稍微思考一下」或「我想知道詳情，請告訴我更多細節」這類的開場白，會更有效。在 NLP 領域裡，這種提問方法稱為後設模式（meta model）。我們將在第 6 章第 8 節裡詳細介紹。

6 用隱喻來換框

所謂的隱喻（metaphor），源自於希臘語，內含了 meta（跨越）與 phor（運輸）的意思。

換言之，就是把白色肌膚以「如白雪一般的肌膚」來表現的隱喻，或是透過某人的名言、格言與故事，間接傳達資訊的表現方法。

舉例來說，當下屬在銷售上出錯時，如果他喜歡職棒選手鈴木一朗的話，就可以用以下的說法。

「我想起了鈴木一朗說過的話，他說『在我達成四千支安打的背後，經歷了八千次以上的懊悔。要說有什麼值得自豪的話，比起紀錄，更重要的是我一直都在面對失敗』」。

你可以透過這樣的說法，將情況轉換成「重要的是累積失敗後仍持續向前」的框架。

此外，自己的經驗也能派上用場。自己如何克服狀況不佳的情況、什麼成為了自己前進的契機等，對對方而言也是隱喻。

在說自己的故事時，請用「這是我遇到的情況」這樣的說法。如果不說這句話，對方就會強化了「你和我本來就不一樣」的想法，你的故事就無法成為一個建議。

如果可能的話，**使用對方尊敬或崇拜的人所說的話或故事**，效果會更好。

⑥ 不同場合的換框活用法

前文介紹了換框的六種方法，本節則會舉一些例子來說明在不同場合能夠使用什麼樣的換框法。請活用在自己和周圍的人身上。

1 挑戰失敗時

當挑戰某件事卻失敗時，任誰都會感到沮喪，而那些被稱為偉人、發明家或成功人士的人，一定都體驗過這種狀況。換句話說，這是達成某件事的人一定會經歷的過程。也就是說，這代表了**順利**。

無論你面臨什麼挑戰，目標都一定會達成。而確實評價挑戰的過程，也是非常重要的觀點。

請活用以下的換框說法。

- 這是你付諸行動的證明。
- 這是一個學習及成長的機會。
- 比起後悔什麼都沒做，後悔曾做了什麼更有價值。
- 勝利女神正在考驗著你。這是一個「要就此放棄？還是要繼續堅持下去？」的考驗。

---

2 遭到否定或批評時

NLP 領域裡的觀念之一是，「失敗並不存在，**只有反饋存在。**」相關內容將在第 7 章第 2 節裡詳述，當你以這個前提來思考否定或批評時，就能把失敗視為指出了「不是這個方法，要用別的方法」的訊息，並加以活用。

請活用以下的換框說法。

> • 這是增加不同觀點與方法的機會。
> • 這是能夠試著站在別人立場的機會。
> • 現在正是深入挖掘真正所需之物的時期。

3 被交付新工作而感到不安時

當一個人被交付新工作或專案時，難免會感到不安。不過，人類本來就是在一無所知的狀態下誕生，很多時候都是透過各種學習，才知道並能夠做到某些事。

透過體驗來學習的這種成長方式，也是**最有效率的方法**之一。這個狀態也代表周圍為我們準備了學習某事的機會。即便你當下並不理解，但隨著時間的累積，該體驗和後續的體驗，就會**點與點相連成線**。

請活用以下的換框說法。

> • 這是學習新知與觀點的機會。
> • 這是累積職涯經驗的機會。
> • 試想一下，如果你是社長的話，會如何推進這項工作。
> • 你想以什麼樣的心情來代替不安的感受呢？試著思考要得到
>   那種心情的第一步是什麼。

4 自責的時候

當你判斷某件事不可行時，有時其根據、背景或是比較的對象都很模稜兩可。換言之，你沒有經過深思熟慮就做出了反應。

在這種時候，先拆解再進行換框，就會是有效的方法。光是釐清判

斷基準為何、具體對象為何，你就能繼續前進了。

請活用以下的換框說法。

> • 為什麼你認為不可行呢？
> • 是想法不對？行動不對？時間的運用方法不對？還是這件事本身就不該存在？
> • 你覺得試過幾次才算不可行？
> • 是誰決定不可行的？
> • 假設你克服了這個障礙，要給現在的自己一些建議的話，會是什麼？

5 上司太嚴格的時候

以下屬的立場工作時，經常會覺得「上司好嚴格」。

然而，當你身在上司的立場後，就會明白，你對下屬嚴格，是因為相信下屬有能力處理這項工作，才會增加他的工作項目，或是做出詳細的指示。

雖然「黑心企業」這個說法在社會上引發許多騷動，但上司為了霸凌而增加下屬的工作項目，其實對自己沒有任何好處。

此外，經營者的課題之一就是培養接班人，而你可能就是被選中的人。因為他有所期待，才會嚴格對待你；因為他信賴，才會選中了你；因為他想把下一個任務交付給你，才希望讓你有各式各樣的經驗。俗話常說「兒女不知父母心」，這樣的狀況也可以說是「下屬不知上司心」。

請活用以下的換框說法。

- 這是上司注意到你的證據。
- 上司才不會把力氣用在自己不抱期待的下屬身上。
- 上司相當看好你。
- 這證明了上司很信任你。
- 這些經驗在日後都會帶來成長和感謝。
- 找出上司嚴格的原因,這正是學習上司的立場和觀點的機會。
- 正好有機會能跟上司面對面談論他的立場和觀點。

6 面臨壓力的時候

對於在會議上發表或提案,會感到緊張、有壓力的人,不只有你。就算是擅長演說的人,一開始也是會緊張和不安。即便有程度上的差別,但只要能理解「無論是誰都會緊張或有壓力」,就會產生一種「不是只有我自己」的安心感。

擅長換框法的人,會用「準備時的心跳」或「心情激動」來形容緊張或壓力,將其轉換為迎接正式上場的良好狀態。

我曾訪問一些從事演說工作的人,他們都提到,**為了有出色的表現,緊張感是不可或缺的要素**,而且還會說「沒有緊張感不行」。所以,壓力和緊張並不是要消除的東西,而是在把它們轉換成必要之物的框架後,就會派上用場。

請活用以下的換框說法。

- 進入「認真模式」了。
- 這代表了你非常想要發表一場出色的演說。
- 你很重視工作和團隊。
- 為了重要的家人,就要努力。

- 你想要用什麼樣的心情，來取代緊張或不安呢？
- 如果你用不同的心情來努力的話，能夠發表什麼樣的演說呢？

７ 發展不如預期時

人在不自覺中就會覺得「凡事都應該如預期般地發展」。但實際上並非如此，反而是發展不如預期的狀況更多。當事情發展不如預期時，當事人就會出現焦躁或失望的反應。

那些能夠靈活因應狀況的人，其實就是擅長換框的人，他的工作或人生都是以「一連串的不規則」、「總是會發生意料之外的事」的前提在推進的。

請活用以下的換框說法

- 當無事可做時，就是做些其他什麼事的機會。
- 當無力可施時，就是展開其他什麼的機會。
- 當停滯不前時，就暗示著一定有其他更好的方法。

在我負責的研討會上，除了經營者、大型企業的董事、中階主管這類商務人士外，還有醫師、護理師、老師、明星、配音員等各種職業的人來參加。

參加者中，有一位律師說到，他學習了換框法之後，開始認為「萬事萬物都沒有顏色，而要為它們塗上什麼樣的顏色，是我們的任務」，深刻感受到換框法的影響。我也從其他律師身上聽到，透過改變認知的觀點後，手上的案件就接二連三地順利解決的情況。

⑦ 活用換框法的重點

❶ 不要使用表面上正向的說法

換框法與單純的正向語言不同。

當發生大地震時，全國的諮商心理師或志工都會前往災區，為受災民眾提供生活支援或精神上的照顧。

此時，在行前都會特別說明絕對不能對災民說的話，其中之一就是：「活著不是已經很棒了嗎？」

這句話聽起來像是換框的說法，但有些災民會認為，「家人都離世了，只剩我活了下來。為什麼只有我活了下來呢？」「只有我一個人活下來，我覺得很對不起家人。」

如果你不去接納對方的心情、立場和現在的狀態，就算說了正面的話，也無法成為支持對方的力量。

只要試想一下立場相反的情況，相信大家馬上就能明白。當你沮喪失落時，有人對你說一些很表面的話時，你也不會覺得開心，甚至會覺得對方是在傷口上灑鹽。

換框法並不是說一些表面上正向的話就好。一切都要從**站在對方的立場、理解及同理對方**開始。缺乏理解和同理的說法，會讓對方更停滯不前，甚至貶低自己的價值。

- 對方想要傳達的心情、希望別人理解的真正心情為何？
- 這個說法對現在的對方來說，會創造出什麼樣的狀態呢？

請你先思考以上的提問後，才展開換框。此外，更有效的換框方式，源自於你和對方的關係；而關係則是建立於試圖理解對方的心態，以及和對方建立關係時的態度。

2 尊重對方的世界觀

換框的目的，並不是要控制對方，而是要尊重對方的世界觀，將之活用於對方的成長或事物的改善。

當你不理解對方，對方也覺得「你不了解我」，不信任你，對你沒有安全感時，就算你進行表面上的對話，也只會造成「你一點也不了解我」、「你什麼都不懂」、「你和我不一樣」這類的抗拒和反彈而已。

因此，**平時就表現出關心**，並留意要以試圖理解對方的態度來溝**通**，將是關鍵的重點。

如何提升雙方關係的品質，將會在第 6 章介紹，但希望各位要特別注意的是運用在對方身上的說法。

假設對方處於「自己是陰沉且無趣的人」的狀態時，你用了「你就是太認真」這樣的說法。如果對方認為「認真」一詞帶有非常不好的含義，可能會解讀成「反正我就是認真又無聊的人」，因而帶來反效果。

此外，當你試圖向個性十足的人傳達他的魅力，而使用「獨特」一詞時，要是對方將這個詞解讀成「奇怪的人」、「異於常人」、「古怪的人」，就會造成反效果。

當對方處於理想狀態時，或是他在談論崇拜、尊敬的人時所使用的說法，就會是非常有效的換框關鍵字。請尊重對方的世界觀，活用對方自己說出的話來進行換框。

此外，第 5 節裡提到的以隱喻換框的方法、使用某人的說法等，效果特別顯著。

不過，用對方完全不認識的人所說的話來傳達，不太具有影響力。

運用對方尊敬的人、崇拜的人、喜歡的作者或歌手等人的話來換框，才會更有效果。

3 活用複述

有效的換框，若以公式來表現的話會如下所示。

對方的話（複述）＋換框的説法＝更具效果的換框

所謂的複述（backtracking），是指一種**可以建立雙方之間的信任關係的傾聽方式**，這種關係稱為良好關係（rapport）。

關於良好關係，將在第 6 章第 5、6 節中詳述，簡而言之就是：重複對方所說的話，以推進雙方對話的一種傾聽技巧。在日本心理諮商的領域裡，稱為「**鸚鵡學舌**」。

簡單的例子如下。

對方：週末我和家人去了迪士尼樂園喔！
己方：迪士尼樂園！和家人一起去的啊！

像這樣活用對方的話來回應的溝通方法。

複述是能讓對方自然而然感受到「你理解我」、「你明白我」、「我受到重視」的方法。反過來說，就是透過傾聽，將以下訊息傳達至對方潛意識的溝通方法。

- 我努力要了解你。
- 我試圖要理解你。
- 我想要知道更多關於你的事。

想要為對方換框時，以複述的方法來進行會相當有效。

舉例來說，當下屬因為工作的事而沮喪時：

下屬：比起同時期進公司的人，我的工作能力就是比較差……我覺得很自卑。

己方：我們就是會不自覺地認為自己的工作能力比同事差，並為此自卑。（＋）所謂的自卑感，是追求某個目標的人才會出現的情緒，不如我們試著把它具體化看看。

此外，如果下屬在工作上出了差錯時：

下屬：我竟然會犯這樣的錯。我真是沒用的人。

己方：犯了這樣的錯，的確會讓人覺得自己沒用。（＋）但你會感到沮喪，正是因為對工作有責任感才會出現這種情緒。

平時就要多理解及同理對方，若彼此能達到良好的溝通，你提出的換框說法就會更具效果。

在活用複述時，請注意三個重點：尊重對方的框架，尊重對方所說的話，運用「對方的話（複述）＋換框的說法」的公式。

另外，我經常運用的是第 5 節裡介紹過的隱喻。透過隱喻，運用某人說的話來進行換框。

例如，在挑戰失敗時，我就會運用第 4 章第 4 節裡曾經提及的湯瑪斯‧愛迪生的話。

「據說，愛迪生曾經說過，他從來都不曾失敗。他說：『截至目前為止的實驗，只是讓我不斷發現了行不通的方法。只要持續下去，就剩下會成功的方法。』讓我們珍惜這次的經驗，一起尋找其他的方法。」

　　除此之外，你也可以運用每個世代流行的漫畫或電影的說法。

第 6 章

管理者績效
最大化的方法

① 以模仿訓練心智

第 4 章第 4 節曾提到，為了快速提升績效，最有效的方法之一就是 NLP 領域的模仿。模仿是以心理學和社會學中的觀察學習（observational learning）、模仿學習（imitation learning），或是替代性強化（vicarious reinforcement）的理論為基礎，並以步驟來建構這些學問或理論，使其更加實用且能立即應用的方法。

活用模仿，可以獲得以下的效果：

- 能進行有效的提案，獲得話語權和影響力。
- 能夠理解理想上司或崇拜人物的思考方式。
- 獲得幹勁、熱忱、行動力與達成力。
- 即便面臨困難的狀況，也能冷靜且靈活地因應處理。
- 能夠發揮影響周遭的領導能力和指導力。
- 傾聽力與同理心獲得提升，能夠進行順暢的溝通。
- 獲得誠實、體貼、幽默這類吸引他人的特質。

■1 模仿時的注意事項

模仿，簡而言之就是仿照，但絕不是單純的仿效。能取得成果的模仿，和單純仿效的模仿，有何不同呢？重點在於，**你汲取了理想角色模範的什麼要素**。

就如同將應用程式下載到電腦或智慧型手機裡，即便手機的機種不同，仍能使用同樣的功能一樣，那些已經成為角色模範、績效出色的人，

也是從模仿別人開始。

那些成為角色模範的人，一開始也是反覆經歷了各式各樣的失誤、失敗或成功，才終於達成現狀。將角色模範在經驗中培養的資源（resourse），內化成自己的一部分，就是能取得成果的模仿了。

接下來，將介紹具體的步驟，以及有效模仿的重要觀點為何。

請務必掌握重點，提升模仿的準確度，發揮更確實的績效。

2 在模仿上有效的神經語言邏輯層次

NLP 領域裡的模仿，是針對已經取得自己所期待的成果或狀況的人，去模仿這個人外在與內在層次的資訊，以取得同樣成果或狀況的一種方法。

所謂外在層次，是指一個人的行為與舉止；內在層次則是指一個人的信念、重視的價值觀與認同等。在此可以參考 NLP 研發成員之一羅勃・帝爾茲（Robert Dilts）所開發的，名為神經語言邏輯層次（Neurological Levels）的模型。

圖表 6-1　神經語言邏輯層次

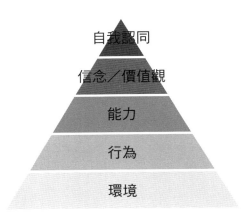

自我認同

信念／價值觀

能力

行為

環境

這個模型認為，人類的學習和變化都有層次，層次愈高，其影響愈大。由下而上的層次，分別為環境、行為、能力、信念或價值觀（重要的事物）、自我認同。

當自我認同改變時，信念與價值觀也會隨之改變。舉例來說，成為管理者的人，其意識已經跟之前身處工作現場時不同，對於成員的培育與成長，會開始更有意識與責任。換言之，他重視的信念和價值觀已經有所變化。

此外，在私生活中的關係也是同樣的道理，從戀愛階段「我是情人」的認知，到結婚成為夫妻之後，轉變成「我是丈夫」、「我是妻子」的認知時，對生活費的想法、家庭關係中想要重視的要素或時間的運用方式等，都會因此產生變化。也就是說，**當自我認知改變時，信念、價值觀和行為都會有所改變。**

3 模仿的具體步驟

為了讓模仿更容易實踐，在此將前項介紹的神經語言邏輯層次，整理為圖表 6-2。

圖表 6-2　神經語言邏輯層次的替換

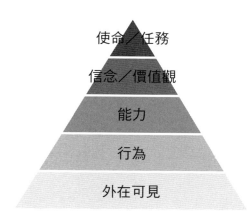

使命／任務

信念／價值觀

能力

行為

外在可見

以下，針對各個層次進行說明。

① 外在可見的層次

是指理想角色模範身上可見的東西，例如髮型、服裝、手錶、文具這類東西。這個層次還未伴隨著內容，是比較表面的模仿。這種程度的模仿有時會看不見成效，甚至讓人更沮喪。若是透過以下更上位的項目，就會有更高品質的模仿。

② 行動層次

觀察理想角色模範會做些什麼動作（即行動層次），進而模仿。姿勢、手勢之類的肢體語言，走路方式或坐相之類的動作，表情、呼吸、發聲方式（音調高低、語速、音量大小）之類的說話方式等，都屬於這個層次。不光是用眼睛看，也要試著用耳朵傾聽，仔細觀察。

③ 能力層次

這個層次是在探索理想角色模範做些什麼事、怎麼做、發揮什麼樣的能力、以什麼步驟來推動事物。

其他包括狀況判斷或決策能力、工作與休閒娛樂的平衡，以及創造力、幽默感、體貼這類特質，都屬於這個層次。此外，也包含策略與計畫這類要素，例如如何建構一個故事這種談話內容的結構等。

俗語說：「三流的人偷話題，一流的人偷結構。」在銷售上來說，若只因為競爭對手降價後營收增加，自家公司也隨之降價，這種表面上的標竿學習（benchmarking）一定不會成功。自家公司必須認識到更寬闊的觀點（即結構），也就是降價後如何在後端提高營收。你要有意識地觀察角色模範在做些什麼、以什麼樣的順序在進行。

④ 信念／價值觀層次

所謂的信念，就是相信的事，或是視為前提之事，例如：「這個內容一定對他人有幫助」、「分享自己的經驗，一定能引起人們的共鳴」之類的事。

所謂的價值觀，則是指一個人重視的事，如「看著對方的眼睛說話」、「回應對方的需求」等。換言之，對於「為什麼這麼做」這個問題的回答，就是信念與價值觀的層次。

那些表現出色的人一定擁有信念與價值觀，若能模仿他們，你的一言一行就能產生影響力。

⑤ 使命／任務層次

這是指想藉由自己的行為做些什麼、對社會傳達或創造些什麼等等，探索「自己是誰」這個使命與任務的層次。例如，傳達可能性的人、創造希望的人、為人類和社會帶來希望的人，都是很好的例子。

接下來，就以提案為例子，依序說明學習使命／任務層次的具體步驟。

1) 決定想要的結果

設定想要的結果或成果為何。

2) 確認角色模範

從順利獲得並交出 1) 之成果的人當中，選定角色模範。你可以列舉出具備熱忱、自然、幽默等特質的人。此外，角色模範不一定是他人，過去曾經表現出色的自己也能成為模仿的對象。

3) 觀察角色模範

想像自己眼前有一個銀幕，描繪出你想要發揮出色表現的場景，想像角色模範如何努力投入。

4) 進入角色模範之中

進入銀幕中角色模範的角色裡，按照在 3) 所觀察到的，實際活動你的身體。

5) 以角色模範的觀點確認五感

回想角色模範的表情、舉止、聲調、呼吸等，仔細觀察。若能記下特徵，或是將其化成語言文字的話，會更有效。

接著，確認以下「外在可見」的項目。

- 在該場景裡，你看到了什麼？
- 在該場景裡，你聽到周圍有什麼聲音，或是在自己內在聽到什麼聲音？
- 在該場景裡，你的身體有什麼感覺？
- 你的呼吸是什麼感覺？

6）以神經語言邏輯層次來確認

在進入角色模範的狀態下，確認以下的項目。

- **行動層次**：必須採取的行動是什麼？
- **能力層次**：要採取什麼步驟？必要的能力為何？有什麼可能性？
- **信念／價值觀層次**：相信什麼？重視什麼？

> **● 使命／任務層次：** 自己的使命為何？自己在社會上的角色為何？想要創造什麼？

　　重點是，你要一邊實際活動身體，一邊確認。與其去思考各個項目的答案，更要珍惜答案浮現於腦海或降臨的感覺。

7) 在銀幕上放映出自己的樣子

　　在銀幕上放映出自己表現得像角色模範的模樣。仔細觀察自己的說話方式、動作和呼吸等。

8) 再次進入角色模範中，確認是否有不協調之處

　　若是你發現有地方怪怪的，試著換一個角色模範，或是改變想像中的動作等，就能達到更有效的模仿。

　　重點是，你要完全變身為角色模範。確認自己是否能感受到角色模範的思考與情緒、關注焦點（注意的地方）、信念或價值觀等。

9) 重複

　　不斷重複前述 **5)**、**6)** 的內容，讓它內化成身體的一部分。關注信念／價值觀、使命／任務等，不光是外在層次，也要將內在層次的資訊內化為自己的一部分。

　　模仿的重點就是要徹底地觀察及仿效。據說，某位成功的經營者，為了學會具說服力的說話方式，在 YouTube 的影片裡找到了角色模範，雖然只是兩分鐘左右的內容，但他徹底將角色模範的表情、聲調、說話間的空拍、動作等，內化為自己的一部分。而且，這位經營者還說模仿

是「為了發揮出色表現的最佳快速學習方法」。

我的角色模範是一位能緊緊擄獲聽眾的心、魅力十足的講師。我期許自己有一天也能像他一樣會說話,進而展開了模仿。幾年之後,有愈來愈多聽過我講課的學員都說了同樣的話:「真希望自己能像足達先生一樣會說話」。

而且,學員中的 A 先生在模仿我之後,也舉辦了講座,收到了很多「真希望能像 A 先生一樣會說話」的回饋。對於我的角色模範、我和 A 先生三者之間,聽眾的共同感想是,「好像在聽落語(類似單口相聲)一樣。」

其實,我的角色模範非常喜歡落語,在大學時代還加入了落語研究會。我和 A 先生並沒有那麼熱中於落語,但這個經驗讓我發現「這項要素的確透過模仿被傳承了下來」。

② 藉由模仿體驗他人的世界觀

在日常一些細微的場景裡，也可以練習模仿。以下介紹兩種方法與成功案例。

▌1 模仿走路的方式

你可以跟在某個人的後面，試著像他一樣走路。背脊打直或彎曲的程度、下巴的位置、視線的方向、步伐的大小、走路的速度、腳步移動的方式（是摩擦地面的感覺，還是蹦蹦跳跳的感覺）、手臂擺動的方式（是前後擺動，還是有點斜斜的）等，在仔細觀察之後進行模仿。

以我自己的經驗，如果模仿看起來很累的人，自己也會開始感到疲憊；模仿充滿活力的人，自己的內在也會感受到能量。試著模仿職場的上司、前輩，或是機場、候車亭或電車裡特定人物的姿勢或行動，就能獲得那個人體驗到的感覺。

▌2 模仿假設框架

運用在第 4 章第 4 節、第 5 章第 5 節裡所介紹的假設框架，試著自問：「如果我是○○的話……？」填入自己的角色模範（理想中或崇拜的人的名字），試問自己，如果是這個人的話，他會怎麼做？怎麼想？做什麼？

接下來，將介紹實際嘗試模仿且取得成果的案例。

▇3▇ 模仿的成功案例

① 銷售的案例

曾經有人因為徹底模仿了銷售成績頂尖的業務員的措辭、姿勢、表情和動作等，自己也成了銷售冠軍。據說，他在成為管理者之後，觀察自己的銷售行為，並將其簡化成下屬易於模仿的方式，讓整個團隊的成交率從原本的 60％左右，上升到了 80%。

② 寫作的案例

不光是廣告文案人員，就連被稱為作家的這類專事寫作的人，也會像抄寫經文一般，用手抄下熱賣商品的文案。據說，有位學過 NLP 的人一開始做這件事時，並不了解它的意義，但他徹底致力於文章的模仿，隔年就入圍了廣告文案大獎。

據說，他在剛開始時，一邊手抄熱賣商品的文案，還一邊覺得疑惑，不明白為什麼要在這裡換行？為什麼要在這裡換一個段落？但在模仿的過程中，他也慢慢掌握住角色模範的寫作品味，後來自己也能重現了。

③ 標竿學習的案例

據說，曾經有一位中階管理者，以自己即將成為董事的立場，大量閱讀了當時急速成長的跨國企業的相關書籍，心想著：這能夠活用在自己的事業上、一年之後應該能夠派上用場等。於是，當他晉升為董事之後，馬上就交出成果了。

這個模仿案例將自己從作為角色模範的企業上所學習到的策略、團隊建立（team building）、行銷等，活用在各個領域。

③ 活用溝通技巧

　　第 1 章第 6 節曾提到，管理的本質就是溝通，而溝通在所有場合裡都是不可或缺的。現今，有愈來愈多組織正積極導入教練式領導和一對一定期面談，但我經常聽到一些來自工作現場的煩惱。

- 我不擅長對話，擔心不知道該說什麼才好。
- 自己的工作很忙，沒有時間。
- 我想以自己的業務為優先。
- 在繁忙的工作當中，和下屬的溝通已經變成壓力了。

　　上述這些情形在任何組織裡都會發生，而 NLP 領域裡，有一些方法能夠讓人系統化地學習具體溝通技巧，本章將運用這些方法，告訴大家該如何建立關係。透過成功的循環模式，來提高雙方關係的品質，就可以改變下屬思考／行動的品質，進而改變成果的品質。

　　第 1 章第 6 節中曾提到，NLP 是由知名心理治療師的溝通技巧發展而來的，他們在心理治療領域取得了豐碩的成果，所以 NLP 也被稱為**實用的溝通技巧、大腦使用說明書、實用心理學**。

　　若能知曉這些創造出人類之變化的技巧，也有助於我們進化及改變自己，並能有效活用在商業、教育、日常人際關係、家庭關係、戀愛關係上。

　　NLP 的技巧主要在以下五種狀況中有效：

- 與他人的溝通
- 與自己的溝通
- 消除創傷或各種情結（complex）等負面心理
- 提升自我形象、達成目標的能力
- 維持及促進身心健康

重要的關鍵字就是：**潛意識**（unconscious），也就是自己在意識中無法察覺的部分。我們能夠察覺的，僅是其中很微小的一部分。

- 現在你是什麼表情？
- 現在你是怎麼呼吸？
- 現在你是什麼姿勢？

當有人問你這些問題時，你會去注意這些事，但若沒有人問你，通常你都是沒有自覺的。人們經常以冰山為例來說明潛意識，能自覺（看）到的冰山部分就是意識，而海面下體積大更多倍的冰則是潛意識，相信各位都能夠想像這個畫面吧？（圖 6-3）潛意識的力量遠遠**超過意識許多倍**；而 NLP 是試圖接近潛意識的溝通。

圖 6-3　意識與潛意識

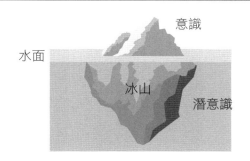

④ 學習技能的五個階段

1 學習的五個階段

　　本章將介紹幾個實用的技巧，但在此之前，希望各位先知道學習的五個階段，因為這是有助於人類學習的 NLP 技巧之一。

　　請參考各個階段，並確認自己目前所處的階段，以便進行適合該階段的學習。在開發及培育下屬能力時，這也是非常有用的觀點。以下分別介紹五個階段。

圖表 6-4　　學習的五個階段

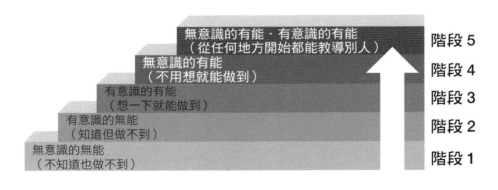

① 階段 1：無意識的無能（不知道也做不到）

　　對於某事一無所知，甚至連自己一無所知這件事也不知道的狀態。在這個階段，必須知道自己需要知道什麼。

② 階段 2：有意識的無能（知道但做不到）

對於某事，雖然獲得了知識，但無法實踐的狀態。無論是多麼簡單的事，不熟悉的話就無法實踐。反過來說，無論多難的事，只要熟悉了就能輕易實踐。在這個階段，重要的是**去熟悉、習慣某件事**。

③ 階段 3：有意識的有能（想一下就能做到）

對於某事，已經能做到一定程度，但尚未成為習慣，為了執行它，仍需要一些專注力。若是到了這個階段，剩下的就是**不斷累積經驗**。

④ 階段 4：無意識的有能（不用想就能做到）

對於某事，就算不特別去意識，也能自動實踐的狀態。在這個階段，已經是**完全能夠做到的狀態**。

⑤ 階段 5：無意識的有能・有意識的有能
（從任何地方開始都能教導別人）

對於某事，已經處於能在無意識中執行，且能有意識地教導別人的狀態。

2 活用學習的五個階段

透過將學習的五個階段與自己的現狀對照，自然就會明白自己該做什麼。現在最重要的是知道、熟悉及習慣，還是累積經驗？請將其當作指標，以培養出能夠做到那件事的狀態。

此外，必須注意的是，從階段 2 進入階段 3 的時候，**容易有不快或不協調的感覺**。要投入不熟悉的領域時，許多人在心理上會有抗拒感，但這是**大腦正在試圖形成新的神經迴路**的時刻。當有不快或不協調的感覺時，很有效的方法是試著改變意識，告訴自己：「現在的學習正有所斬獲，正在成長。」

5 提升溝通能力的四個階段

在本節裡，將會介紹溝通的四個階段，分別為：信任、傾聽、傳達、相互理解。

1 信任的階段

所有順暢的溝通，都是基於「雙方具有信任關係」這個基礎才得以成立。

舉例來說，幾乎沒有人會把自己的私事，毫無保留地告訴初次見面的人。或者，初次見面的人詢問你工作上的煩惱或人際關係的事，你可能會覺得他有點冒犯，或是對他有所警戒。

面對不是很喜歡的人，你當然無法什麼事都跟他商量，反而會盡可能地與他保持距離，或許還會希望對方不要跟自己有任何牽扯。

這一切都是以「能與對方安心對話，對方理解自己」的信任關係為前提。

在信任關係的基礎尚未建立的階段，比起試圖傾聽對方說話、理解對方的心情，我們更容易只說自己想說的話，只靠自己的解讀在接收對方說的話，或者，僅止於說一些對雙方都無關痛癢的話。如此一來，溝通就會變得非常困難。

在這個階段，首先必須像扎根來支撐樹木一樣，**建立起與對方的信任關係**。NLP 領域中的信任關係，是要對溝通交流之對象的潛意識發揮影響，從而建立信任，讓對方在感覺上不會有所警戒，萌生「這個人和我在同一陣線」的好感，創造出安全感與親和力。

- 這個人在關注我。
- 這個人在聽我說話。
- 這個人在理解我

當對方感受到前述的心情，且彼此間的溝通具建設性地相互影響，就形成了**良好關係**。這也與心理上的安全感息息相關，對團隊成員而言，就是打造出一個在心理健康和業務上，都能毫不反感地跟上司商量及諮詢的場所。由於彼此都能在毫無警戒的狀態下說出真心話，提案或意見也更容易被接受。

換言之，雙方形成良好關係之後，**你對對方的說服力和影響力就會提升，也會提升自己在對方心中的存在價值**。關於良好關係的形成，將在下一節裡詳細介紹。

２ 傾聽的階段

然而，就算建立起信任關係的基礎，也不代表絕對能順暢地進行溝通。有時，即便你試圖理解對方想說的事卻也無法理解，或是想要傳達的事卻無法如願傳達，結果陷入不滿的狀態。

在這個階段，如同「善於溝通就是善於傾聽」這句話所說的，你必須學會聽（傾聽）的能力，以便**更準確地接收對方的意思**。

３ 傳達的階段

這是指已經學會建立信任關係，而且能夠聽懂對方說的話的狀態。在這個階段，你學會了配合對方的理解來傳達的能力。重點在於，自己不是主體，而是要**配合對方來進行溝通**。

4 相互理解的階段

　　所謂相互理解的階段，也可以說是讀心的階段。這會讓彼此的溝通更加順暢，也加深對彼此的理解。舉例來說，你要學會如何解讀對方在語言之外的訊息。此外，你也要學會以俯瞰的觀點來進行溝通的能力。到了這個階段，溝通帶來的壓力幾乎消失，信任關係也更為穩固。在提升溝通能力之後，你將會**實際感受到許多好處**。

6　活用溝通框架

　　有各式各樣的溝通技巧，能夠活用在前一節所介紹的溝通四階段裡。在本節之後，將會陸續介紹有效且實用的九項技巧。首先，你要理解溝通的框架，學習在毫無壓力的情況下順暢溝通的技巧。這是能在對方無法自覺的潛意識層次產生影響的框架。以圖表 6-5 的三個步驟進行。

圖表 6-5　溝通框架的三個步驟

同步跟隨對方，
以形成良好關係　　形成良好關係　　引導走向，
以達到目的

- **1) 同步跟隨（pacing）**：為了形成良好關係，配合對方的語言及非語言溝通方式。
- **2) 形成良好關係**：創造親近感、安全感，以及在潛意識深層的信任關係。彼此間的連結具有正面的相互影響力。
- **3) 引導（leading）**：為了達成自己的溝通目的，引導對話的走向。

　　溝通框架的三個步驟，可以用跳舞的過程來比喻。當你想和對方一起跳舞時，一連串的過程會是，**先跳對方的舞步（同步跟隨），能與對方配合之後（形成良好關係），再邀請對方來跳自己的舞步（引導）。**

　　以這個流程為背景，自然能看出自己現在位在哪個步驟，以及接下來該怎麼做。為了有效地形成良好關係，就必須仔細觀察對方。

⑦ 溝通的六項基礎技巧

溝通的技巧可分為：六項基礎技巧與三項應用技巧。有些已經在前文介紹過了，而本節將介紹六項基礎技巧。

> - 六項基礎技巧：映現、配合、複述、VAK 模式、語言行為量表（LAB Profile®）、價值基準（criteria）。
> - 三項應用技巧：米爾頓模式、後設模式、改變立場（感知位置）。

１ 映現

映現（Mirroring）是指將對方的姿勢、動作、靜止時手腳的位置、呼吸等視覺資訊，像是在照鏡子般地回應給對方。具體來說，配合的項目有以下幾種：

① 頭部／表情

配合對方來調整自己頭部的位置，它是直的，還是傾向前後左右哪一邊？只要配合對方下巴的位置，自然就會構成映現。接下來就要調整表情，映現出嘴角或眼睛睜開的程度等。

② 上半身

映現出背脊是挺直的，還是彎曲的，是否向前後左右的哪一邊傾倒。手是併攏的，還是握拳，或是交叉雙臂環抱胸前、上半身的姿勢等這類動作，也都是映現的對象。

③ 下半身

雙腳是張開的，還是併攏的？有沒有翹腳？翹腳時哪條腳在上面？這些都要映現出來。

④ 呼吸

對方是採胸式呼吸還是腹式呼吸，也要映現出來。此外，觀察一個人的肩膀，也能知道他呼吸的節奏。呼吸的深淺也是映現的對象。

映現時，要**比對方晚一點做出同樣的動作**，並不是同時配合的模仿。有些人誤解這一點，所以失敗了。

2 配合

配合（matching）包含幾個概念，其中最主要的是配合聽覺資訊的方法。換言之，就是前一節提及的，關於發聲和說話方式的同步跟隨法。配合的項目如下。

- 聲調（高、低）
- 說話的速度（快、慢）
- 音量（大、小）
- 說話的節奏

此外，就如同我們會說某人是看似安靜的人、熱情的人，對方散發的氛圍或能量，也是配合的對象。

3 複述

就如第 5 章第 7 節所介紹的，複述是「重複對方所說的話，以推進

對話」的一種傾聽技巧。重點在於，要原封不動地使用對方所說的話。要是你不用對方說的話，而是以為自己理解對方的意思，用自己的話來說，就會莫名地產生一種牛頭不對馬嘴的感覺。

舉例如下。

己方：我想要好好珍惜在工作上的挑戰。
對方：工作上的挑戰很重要，對吧？

己方：在工作和人生上，上進心很重要，對吧？
對方：想要成長的心情很重要，對吧？

己方：人生中，重要的還是健康啊！
對方：對啊！身體還是很重要的，對吧？

就算彼此想說的事相同，但用詞卻不相同。但不使用同樣的說法時，就會讓對方產生以下的心情。

- 這和我想說的有點不一樣。
- 他有沒有好好聽我說話啊？
- 不知道為什麼，我跟這個人好像不是很合得來。

舉例來說，你跟客戶公司的社長面談時，對方的社長說：「對公司而言，數字很重要！」你卻回答：「是啊！營收很重要。」你就可能因為這句話而失去對方的信賴。雖然兩者都是數字，但數字包含各式各樣的意思，可能是利益、經費，甚至是離職率等。我們常用數字來描述自己的世界，但用自己的話來總結時，卻有可能讓對方覺得自己被忽視、

否定、拒絕或批評。

　　所以，複述的基本原則是，**① 重複事實**、**② 重複心情或情緒**、
③ 總結。

▌4 VAK 模式

　　第 4 章第 2 節、第 5 章第 2 節曾提到，VAK 模式是運用視覺、聽覺、
觸覺、味覺、嗅覺這五感的方法。在 NLP 領域裡，將五感區分為視覺
（Visual）、聽覺（Auditory）、身體感覺（Kinesthetic，簡稱體感）三種。

　　人類透過五感來認知現象，而在喚起過去的事情時，也是運用五感
去認知的。重點在於，如同有人是左撇子、有人是右撇子，每個人都會
有頻繁使用、容易活動的某一隻手，**在處理資訊之際，也有占優勢的感
覺（優位感覺）**。

　　舉例來說，當我們要描述「無法理解他人說的話」時，擁有不同優
位感覺的人，會有以下不同的傾向。

> ● V（視覺）優位型：看不出他想要説什麼。
> ● A（聽覺）優位型：不知道他在説什麼。
> ● K（體感）優位型：抓不住他説話的重點，沒辦法接受。

　　不同的表現方式，意味著潛意識處理方式的差異。一個人無意識中
頻繁使用的感覺，就是優位感覺。

　　若你能同步跟隨對方的優位感覺來推進對話，雙方的不協調或抗拒
感就會消失。相反地，當彼此的表現方式不同，溝通就有可能卡關。

　　我們先來看看一個上司與下屬對話的例子。上司是視覺優位型，下
屬是體感優位型。

上司：我都沒看到你說的話的內容。

下屬：為什麼您會這麼覺得呢？

上司：覺得？……

下屬：啊！我明白了。下次提案時，我會更熱血一點。

上司：不用那麼熱血，只要能用看起來明確的方式展示就好了。

下屬：我了解了。下次我會把自己的想法都直接丟出來，屆時還請
　　　多多指教！

上司：……

相信各位都會覺得，前述的對話有些牛頭不對馬嘴。在不理解對方
優位感覺的狀態下，就算持續對話，別說是提升自己的評價了，結果往
往只會變得更差，努力最終都是白費。

接下來是，體感優位型的下屬在理解上司是視覺優位型之後，進行
對話的場合。

上司：我都沒看到你說的話的內容。

下屬：具體來說，是哪個部分沒看到呢？

上司：這裡和這裡，還有這個，今後展望的部分……

下屬：是這三點，對嗎？我明白了。我想，如果用插圖或圖表來表
　　　現的話，關於今後的展望，以及我所描繪的公司未來的願
　　　景，就會更清楚可見。

上司：插圖或圖表的設計要簡潔一點。想要強調的部分，用紅色來
　　　表示的話，會更顯眼一點，那就很好了。

下屬：我明白了。強調的部分用紅色標示，我做好新資料後，再請
　　　您過目。

上司：麻煩你了。

像這樣，運用上司的視覺優位感覺的說法，就能形成良好關係，創造出順暢的溝通。最終，無論自己是上司或下屬，評價自然都會提升。

以下將介紹哪種類型的人會運用什麼說法，以及具備什麼特徵。請仔細觀察對方，以此做為你該運用之說法的參考。以下將分為眼神的動向、經常使用的說法（敘述詞）、其他（關注之處或動作）這三項來說明。

① 視覺優位型的特徵

- **眼神的動向**：視線有往上方移動的傾向。
- **經常使用的說法**：看、瞄準、願景、觀察、鎖定焦點、想像、沒看到、模糊、顏色、描繪、展望。
- **其他**：說話速度相對較快、呼吸較淺、會想要用手來表現腦海中描繪的景象、坐椅子時會稍微前傾、容易被設計或外觀影響、看不到結果的話就提不起幹勁、用圖像記憶。

② 聽覺優位型的特徵

・**眼神的動向**：視線有往左右移動的傾向。

・**經常使用的說法**：聽、說、共鳴、影響、協調、安靜、某人說的
具體台詞、嗡嗡之類的擬聲詞、亮晶晶之類的
擬態詞、「咦！」「啊！」之類表示感嘆的說法。

・**其他**：試圖有邏輯且條理地發言、常常自言自語、容易對聲音的
狀態（大小、高低、速度等）或說詞有所反應、喜歡音樂
與對話、若有雜音就會無法集中精神、容易雙手交叉環抱
胸前、喜歡雜學知識。

③ 體感優位型的特徵

・**眼神的動向**：視線有往下方移動的傾向。

・**經常使用的說法**：感覺、冷熱、溫暖寒冷、溫度、抓住、觸摸、
心頭暖暖的、觸動人心、心服口服。

・**其他**：說話速度相對較慢、一邊感受一邊說話、用腹部深深地呼
吸、動作相對較慢、試圖用手或身體表現情緒和心情、想
要待在靠近對方的地方、當對方說話速度很快又傳達大量
資訊時容易跟不上、重視舒適感。

5 語言行為量表

① 語言行為量表的特色

　　LAB 是由 Language And Behavior 的英文單字字首所組成的。語言行為量表（LAB Profile®）是透過十二個提問，**來得知對方的動機、興趣、關心的對象等，並釐清對方在處理資訊時會有什麼傾向的一種方法**。其中劃分了對思考與行動造成影響的十四個類別與三十七種模式。

　　語言行為量表甚至被稱為是在商務上最能活用的技巧之一，在以下各項獲得高度評價。

> ● 可以提升在談判、銷售或提案上的影響力。
> ● 可以提升寫作或文案的質感。
> ● 可以組成有效運用成員優勢的團隊。
> ● 可以迴避一些伴隨著組織改革必然會出現的風險。
> ● 可以讓銷售週期縮短，提升顧客滿足度。
> ● 可以讓職涯諮詢或教練式領導的技巧突飛猛進。
> ● 可以開發出因應多元需求的培訓、教育計畫。

② 語言行為量表的內容

　　關於語言行為量表的具體內容，用以下的例子來介紹。

　　公司裡的 A 和 B 都提早十分鐘上班，他們各自的理由是：

> ● A：想要從容不迫地開始工作。
> ● B：不想因為遲到被罵。

　　觀察他們的答案，A 的答案中有「想要從容不迫」這個目的與理想

的動機。而 B 則有「不想被罵」這個迴避和排除的動機。即便狀況相同，但這麼做的動機卻不一樣。

以語言行為量表的觀點來說，上述的例子在「方向」這個類別裡，有「朝向型（A）」與「遠離型（B）」這兩種模式。

不同傾向的回答案例，整理在圖表 6-6 裡。

圖表 6-6　在語言行為量表裡可以觀察到的傾向

行動	朝向型的回答	遠離型的回答
上班	想要從容不迫地工作	不想被上司罵
減肥	想要變美、想要變帥	不想要自己很難看
化妝	想讓自己看起來漂亮	想要遮住皺紋

③ 語言行為量表的活用法

語言行為量表的重點，在於**傾聽對方如何回答**，而不是回答的內容，然後**活用適合對方的說法**。反過來說，若是你不理解這些模式的差異，就試圖傳達什麼給對方，結果卻與對方的動機方向不同，最後只會白費力氣，更無法期待會有什麼好的結果。

就算自己是如此，也不代表別人都一樣。

那種善於溝通的人，都深刻理解差異的存在，也熟知要對什麼樣的人說什麼樣的話。

以下介紹三個主要類別，分別是主體性、範圍、感官管道。

1) **主體性**：在取得資訊之後會馬上行動的類型，還是會深思熟慮後再行動的類型。

2) **範圍**：全面理解資訊的類型，還是想要詳細理解的類型。

3) **感官管道**：為了使其理解、信服時，是需要看、需要聽、需要讀的類型，還是需要一起做的類型。

接下來，將會依序介紹關於主體性、範圍、感官管道的特徵、影響性語言（經常使用的說法，或者會受到影響的說法），以及語言的活用範例。

④ 語言行為量表的「主體性」

這個類別將指出當你遭遇某件事時，會馬上行動，還是會先掌握及分析周圍的狀況。一共有兩種模式，分別是馬上行動的「主動出擊型」，以及分析之後再採取行動的「被動反應型」。

此外，語言行為量表中的所有類別，都不用是來代表積極、消極這類對工作或人生的態度。

1) 特徵
●主動出擊型
　　・率先採取行動
　　・不思考、不分析，比誰都更快採取行動。

●被動反應型
　　・等到時機成熟為止，等到其他人採取行動為止。
　　・主動出擊型是動身體，被動反應型是動腦。

2) 影響性語言
●主動出擊型：總之先試試看、投入、別等了、現在馬上
●被動反應型：研究、分析、思考、考慮、等待、或許○○

3）語言的活用範例

●**主動出擊型**：馬上做做看吧、最好是現在馬上、總之先試試看

●**被動反應型**：先觀察一下動靜、先想一想、不妨收集一下資訊

⑤ **語言行為量表的「範圍」**

這個類別將指出一個人是以什麼程度的範圍在處理事物或資訊。有兩種模式，分別是大致上掌握的「全面型」，以及仔細處理的「具體型」。

這是一個**容易產生人際壓力的類別**，全面型的人容易對具體型的人所說的話感到無聊，而具體型的人則容易覺得全面型的人很馬虎隨便。

1) 特徵

●**全面型**

・喜歡掌握事物的全貌或概要後，再開始工作。

・如果是短時間、簡明扼要的說明，會試圖理解事物的細節。

●**具體型**

・擅長處理事務的詳細資訊。

・試圖有條理地、用專有名詞或數字等來做詳細的說明。

2) 影響性語言

●**全面型**：全貌、本質上、重要的是、概念、目的是

●**具體型**：嚴密地、正確地、具體地

3) 語言的活用範例

●**全面型**：讓我們專注投入於重要的事、先試著理解全貌。

●**具體型**：具體地向前推進、正確地收集資訊。

⑥ 語言行為量表的「感官管道」

感官管道是指四種認知、理解與說服的管道，指出為了讓一個人被說服，要以什麼管道來傳達比較好。有四種模式，分別為：看了才會明白的「視覺型」、聽了說明之後才會理解的「聽覺型」、讀了報告等才會懂的「閱讀型」、試著行動之後才會明白的「體感型」。

這是在**想要說服對方時**可以活用的類別。

1) 特徵
● **視覺型**：需要以展示來說明。
● **聽覺型**：需要透過口頭說明。
● **閱讀型**：需要讓對方閱讀相關資料來說明。
● **體感型**：需要一起執行。

2) 影響性語言
感官管道是比語言更具影響性的「語言」。
● **視覺型**：可以在視覺上展示的資訊。
● **聽覺型**：聽覺或語言資訊，包含說明時的說話方式。
● **閱讀型**：能讓對方閱讀的文字資訊。
● **體感型**：用身體感受的體驗。

3) 語言的活用範例
● **視覺型**：

‧請看這邊

‧以圖型或表格來展示

●聽覺型

‧這是顧客的意見

‧（說給對方聽）

●閱讀型

‧這是關於顧客滿意度的報告

‧（撰寫文件或報告，製作相關讀物）

●體感型

‧親身體驗就能明白

‧讓我們一起感受看看

圖表 6-7、6-8 裡總結了語言行為量表的類別與各種模式。

圖表 6-7　有關動力型態的類別與各種模式

類別	模式與主要特徵
方向	朝向型：朝向目的或目標行動。
	遠離型：發現問題，往迴避的方向行動。
主體性	主動出擊型：馬上行動，無法等待。
	被動反應型：深思熟慮，觀察狀況。
判斷基準	內在型：基準在自己的心中。
	外在型：基準來自外在的資訊。
選擇理由	選項型：喜歡具備可能性或選項較多的事物。
	程序型：喜歡正確的步驟或方法。
對變化‧差異的因應	千篇一律型：偏好相同的事物。
	千篇一律中有例外型：基本上偏好相同的事物，喜歡進化與成長。
	差別型：喜歡具有可能性或選項較多的事物，喜歡新事物或前所未有的事物，喜歡完全不同的事物。
	千篇一律中有例外和差別型：喜歡進化成長，也喜歡革命性的變化。

類別	模式與主要特徵
範圍	全面型：重視理解全貌。
	具體型：重視理解細節。
關係性	自我型：重視語言。
	他人型：重視非語言。
壓力反應	感覺型：容易陷入情緒裡。
	選擇型：可以自主進出情緒，善於同理。
	思考型：不會陷入情緒裡，不擅長表達同理心。
合作	獨立型：一個人承擔責任、獨自行動。
	親近型：劃分與他人之間的責任範圍，讓他人參與行動。
	合作型：團隊全體一起行動。
系統	做人型：將焦點放在人的感受與情緒上。
	做事型：將焦點放在任務、點子、工具上。
規則	自我（我的／我的）型：將自己的規則也套用在他人身上。
	不關心（我的／句點）型：有自己的規則，但不在乎別人。
	配合（沒有／我的）型：自己沒有規則，但認為別人需要規則。
	寬容（我的／你的）型：有自己的規則，認為每個人都有自己的規則。
感官管道	視覺型：用看的比較容易理解。
	聽覺型：用聽的比較容易理解。
	閱讀型：用讀的比較容易理解。
	體感型：採取行動就能理解。
說服模式	例證次數型：要經過幾次之後才會被說服。
	不假思索型：用直覺決定是否被說服，不太會改變決定。
	持續型：不會完全被說服，每一次都需要重新被說服。
	時程型：花費一段期間才會被說服。

6 價值基準

所謂的價值基準（criteria）是指，在工作、家人、人際關係、健康之類的脈絡（狀況、場合、背景）裡，所重視的價值觀。

關心對對方而言重要的事物，**運用該關鍵字進行溝通**，這在形成與對方之間的良好關係或引導上，會帶來很大的影響。

請務必取得對方的關鍵字。人們對於自認為沒有意義或沒意思的事物就會提不起勁，但對於想要珍惜的事物，不惜花費時間也有動力想投入。例如，同樣都是準備三千萬日圓的動力，以下兩個狀況的層次就完全不同。

- 購買學生時代一直很想要的三千萬日圓的手錶。
- 重要的人被綁架，要準備三千萬日圓的贖金。

透過理解對方重視的價值觀，就能讓對方產生意義和動力，其幹勁也會發生變化。為了引導出對方的價值觀，要提出「在○○方面，你重視的是什麼？」的問題。找出對方回答中的關鍵字，再有效運用關鍵字來進行對話。

例如，你詢問對方：「在工作上你重視的是什麼？」如果對方回答「速度」、「成果」、「成長」之類的話，你就可以活用這些關鍵字，例如，在介紹書籍的時候，像以下這樣運用，就能在對方難以發覺的潛意識上造成影響。

「這本書很值得讀，因為它會幫助你工作**速度**加快，創造出好的**成果**。這是能讓你實際感受**成長**的內容。」

8 溝通的三個應用技巧

本節要介紹溝通的三個應用技巧，分別是米爾頓模式、後設模式、改變立場（感知位置）。

1 米爾頓模式

米爾頓模式（Milton Model）是指將想要傳達的訊息直接傳送到對方的潛意識層面，而非意識層面的技術。

這個模式原本是由心理治療領域衍生而來，但在商務工作現場上，已有許多人士學習米爾頓模式的說話方法，做為一種說服的溝通技巧。

① 臆測（mind reading）

所謂的臆測，是指彷彿能讀懂對方心思的說話方法。

例如，在提出諮詢建議的場景裡，會使用「相信您對如何控制成本，同時有效改善業務，感到非常關心」之類的說法。

活用「臆測」這種彷彿理解對方的心情和想法的說法來展開對話，**對方的潛意識會有所反應，自然就能取得對方的同意，創造出對方願意傾聽接下來的內容的狀態。**

請參考以下的例子，並試著替換到自己的狀況中，看看能如何活用在工作或日常生活中。

② 在培訓或講座上的活用範例

「相信各位都是抱著某些目的來參加本次的講座。而這一點是非常重要的。」

③ 在銷售上的活用範例

「（在傳達了商品的優點與利益之後），即便到目前為止聽起來全都是好處，但各位或許會覺得，一定還是有風險的吧？」

④ 在提案上的活用範例

「相信各位應該會對接下來的說明非常感興趣。」

▌2 後設模式

① 何謂後設模式

我們為了更具體地理解對方所擁有的資訊，會有一些固定的提問模式，將其系統化之後的內容，就稱為後設模式（Meta model）。

我們平時在傳達自己的心情或想法時，**都會在無意識中替資訊加上濾鏡**。濾鏡可分為三種：省略、扭曲、一般化，其內容分別如下。

1) 省略：和別人說話時，並不會把自己擁有的所有資訊都用語言表達出來，而是把資訊鎖定在自己覺得必要、想要傳達的事情上。

2) 扭曲：不會將事實如實地傳達，而是會加上自己的解釋，把自己理解之後的資訊用語言傳達出來。

3) 一般化：把部分的事情套用在整體上，有時候會說出自己先入為主的認定。

② 後設模式的內容

例如，當朋友說「情人最近都忽視我」時，我們大概都會回覆「那真是不好受呢！」「發生了什麼事嗎？」之類的話。

然而，朋友是因為對方的什麼態度而感到被忽視呢？是因為對方都

沒有聯絡他嗎？還是即使見面了，對方也不聽朋友說話呢？這些可以成為根據的事實，往往都被「省略」了。縱使對方都沒有主動聯絡，或許單純只是因為對方很忙，但這樣的事實會因為成見而變成被「扭曲」的資訊。

又或者，當同事說「大家都說那部電影很無聊」的時候，相信大家的反應大概就是「是喔！」「那是不是就別看了？」。

「大家都說」這句話，經常會用在希望對方聽取自己的意見、想要說服對方的時候。或許你只是偶然連續聽到兩個朋友說「那部電影很無聊」而已，卻把對自己而言影響重大的人、自己接觸過的幾個人，這個小範圍裡的意見當作所有人的意見，而將其「一般化」了。

於是，我們所說的話當中，就會缺少很多資訊。**為了釐清這些欠缺的詳細資訊或是補足模稜兩可的資訊，所使用的提問模式**，就是 NLP 的後設模式，詳見圖表 6-9。

圖表 6-9　後設模式的提問模式與對象

	濾鏡的模式	提問的內容
省略	**指示指標**（刪除了指示的內容） 例如：把這個紙條給他。	是誰？在何時？把什麼？ 在何處？怎麼樣？ 例如：要把它給誰？
	未指定動詞（進行特定行為方式，非常模稜兩可） 例如：你能進行這項工作嗎？	具體而言要如何進行？為什麼？ 例如：該如何進行這項工作才好呢？
	比較（省略比較的對象） 例如：我很不擅長提案啊！	是跟誰比較？ 例如：不擅長是指跟誰比呢？
	判斷（評價、判斷基準被省略） 例如：這真是個出色的構想。	是由誰決定？以什麼為基準？ 例如：那是什麼樣的基準呢？
	名詞化（過程變成抽象化的名詞） 例如：正在努力。	是誰？如何？什麼樣的？ 例如：你做了什麼樣的努力呢？

	濾鏡的模式	提問的內容
扭曲	**前提**（某些前提被隱藏） 例如：他還沒辦法。	是什麼讓你這麼覺得？為什麼會這樣認為？ 例如：為什麼你覺得他沒辦法？
扭曲	**因果關係**（X＝Y的原因被隱藏） 例如：下雨的話，營收就不好。	為什麼X是Y的原因？如果X不是原因的話，Y應該會變得如何呢？ 例如：下雨的話，具體是因為什麼理由而讓營收變差呢？
扭曲	**臆測**（認為自己理解他人的心情、想法） 例如：他一定會受傷的。	為什麼會知道呢？ 例如：為什麼你知道他會受傷呢？
一般化	**可能性的情態助動詞**（在不知不覺中劃下做不到的界線） 例如：這個我做不到啊！	如果做得到的話，阻礙會是什麼？ 例如：為什麼你覺得做不到呢？
一般化	**必要性的情態助動詞**（認為應該‧不應該） 例如：不應該改變傳統的做法。	不這麼做會如何？如果這麼做又會如何？ 例如：如果改變的話，會發生什麼樣的狀況呢？
一般化	**普遍的量詞**（排除例外） 例如：部長總是不認可我。	全部、所有、總是、任誰都、一點都不、絕不 例如：連一次都不曾認可你嗎？

每個人對於語言所感受到的意義、情緒和解讀方式，本來就不相同，這便是溝通的真相。在與對方的溝通中使用後設模式，釐清彼此間的省略、扭曲、一般化，就有可能讓資訊的理解更接近100%。

去理解對方在語言之外的本意或想法，也有助於我們擺脫對方因成見而導致的畫地自限。

❸ 感知位置

出色管理者的特徵之一，就是能從多元角度解讀及思考事物。此外，在溝通上，也能在**自己的觀點、對方的觀點、第三者的觀點，這三個觀點**上取得平衡。

這個三種觀點的思考模式，在NLP領域裡稱為感知位置（perceptual

position）。每個人都會以自己的立場、觀點或價值觀為中心來看待事物，但如此一來，就無從發現自己與對方的立場、觀點或價值觀的差異，導致無法理解對方的心情、產生摩擦或是引發激烈的討論，甚至是造成衝突，將自己的想法強加在對方身上。

每個人應該都有過這樣的經驗，就是直到自己有了晚輩或下屬，才首次理解前輩或上司的心情。

透過擁有前述的三個觀點，無論在什麼狀況下、面對什麼樣的人，都能時時客觀地看待事物，進而可以順暢地溝通。

4 改變立場

所謂的改變立場（position change），是能夠改善人際關係的 NLP 技巧之一。其基礎就是前項說明的感知位置的概念。

在由福律茲・培爾斯等人所創設的心理療法──完形治療當中，有一種稱為「空椅法」（empty chair）的技巧，意即透過扮演對方的角色，試著體會對方的觀點、想法或心情，或是探究想傳達給對方的事、對方想要傳達給自己的事，以從中獲得新發現。

本書所介紹的 NLP 技巧──改變立場，在原本的空椅法基礎上，加入了第三者的觀點，即便不是在心理治療的現場，也能在日常生活中實踐。透過這樣的方式，讓我們能從更多元的角度解讀事物，擁有更多元的觀點。

在一對一的定期面談或教練式領導之類的場合裡，活用改變立場的技巧，也能提升溝通的品質。此外，在商業談判的場合裡，也能引導雙方的關係走向雙贏或是互相妥協的折衷方案。

接下來，以「你與下屬的關係有些問題」為例來介紹改變立場的步驟。透過**實際移動身體，體驗自己處於對方、第三者位置（立場）的感**受，就能獲得對方與第三者的觀點。首先，從確認三個觀點的位置開始。

① 確認位置

如圖 6-10 般確認自己、對方與第三者的位置。在自己和對方的位置上，面對面地擺放椅子。確認第三者位在可以客觀觀察兩人的位置上。

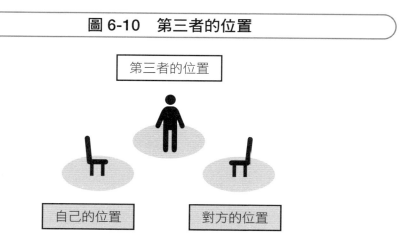

圖 6-10　第三者的位置

第三者的位置

自己的位置　　　　對方的位置

② 從自己的位置來傳達

真實地想像一下自己坐在自己的椅子（位置）上，而另一個人坐在對的位置上（圖 6-11）。然後，你面向對方的位置，彷彿對方就坐在那裡一般，傳達自己對於問題的想法。

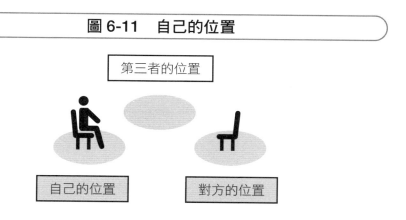

圖 6-11　自己的位置

第三者的位置

自己的位置　　　　對方的位置

③ 從第三者的位置來看

　　想像把自己的情緒放在自己的位置上，然後身體移到第三者的位置上（圖 6-10）。從第三者的位置，客觀地看著兩人，觀察兩人之間的關係和狀況。從兩人處於什麼樣的狀況、怎麼做才能朝好的方向前進之類的觀點，客觀地觀察。

④ 從對方的位置來傳達

　　自己坐在對方的位置上（圖 6-12）。此時，暫時將自己對對方的情緒歸零，想像自己完全進入對方的體內後坐下，面向自己的位置。然後，想像對方的感受與想法，觀察坐在對面的自己。

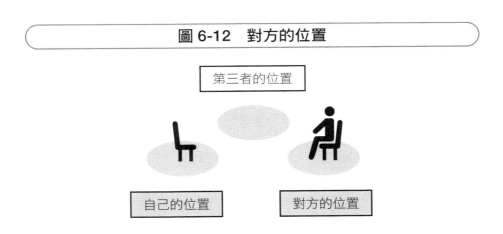

圖 6-12　對方的位置

第三者的位置

自己的位置　　　　對方的位置

　　首先，接收從自己的位置傳達給對方的話，充分思索對方會對這些話產生怎樣的感受或情緒，然後朝著對面的自己，傳達這些情緒。

⑤ 再一次從第三者的位置來看

　　想像把自己的情緒放在對方的位置上，然後身體再次站在第三者的位置上（圖 6-10）。客觀地看著兩人，觀察兩人之間的關係和狀況。

⑥ 在自己的位置上接受

坐在自己的位置上，接收在前述 ④ 當中對方對自己說的話（圖6-11）。

根據對方的話，與上述 ②～⑤ 的體驗，再次關注自己的感受、對問題的解讀方式等有什麼變化，並且思考怎麼做才能改善關係、具體上能夠做些什麼。

⑦ 再次從第三者的位置來看

再次移動到第三者的位置，客觀地觀察兩個人之間的關係（圖6-10）。確認前述步驟 ③ 裡第三者看到的兩人關係，與現在的關係之間的變化，以及今後兩人的關係有什麼可能性。

以上是改變立場的步驟。當我們能夠以三個觀點來解讀事物，或是察覺對方的感受時，自我判斷和人際關係的選項將會有大幅的變化。請從平日開始就要養成在所有場景裡都能擁有三個觀點的習慣。

重點是實際改變位置或姿勢。實際移動觀點是最理想的，將有助於獲得更多發現和體驗。不過，當時間或空間受限時，你也可以在腦海中用想像的方式來進行。

Column 有助於溝通的隱喻範例

名言和格言也可以當作隱喻來運用。以下介紹幾個能派上用場的隱喻表現。

·當對方挑戰某事失敗時

人生和工作只有兩種情況。一種是做得到，另一種是還沒有習慣。

·因自己沒有能力而沮喪低落時

有能力的是兔子，但贏的是烏龜。輸掉的兔子一直在看什麼呢？是烏龜的位置。那勝出的烏龜一直在看什麼呢？是目標。
就算沒有能力，只要一直看著目標，就會贏得比賽。

·喪失自信時

為了飛得更高，若不確實蹲低就無法飛得高。

9 溝通技巧的活用方法

本節將介紹各種溝通技巧的活用方法。

■1 複合式相等（X ＝ Y）

所謂的複合式相等，是指將不同的兩句話連結起來，彷彿它們代表了相同的意思。用公式來表現的話就是 X ＝ Y。活用的例子如下：

① 銷售

「你會猶豫要不要購買（X），就代表你想要思考怎樣才能籌措費用或時間，對吧？（Y）請放心，我們有非常豐富的案例。」

② 培訓

「顧客提出不同或反對的意見（X），是想要知道能夠消除不安與風險，而能安心購買的訊息（Y）。」

③ 提案

「本公司的發展不如預期的現狀（X），意味著變化與成長的機會（Y）。」

④ 教育（稱讚下屬的成長）

「享受工作（X），證明了你在成長（Y）。」

⑤ 教育（勉勵出錯的下屬）

「你會感到懊悔（X），正代表你是認真地想要達成（Y）。」
「失敗（X）代表了你為邁向成功而採取了行動（Y）。」

「不曾失敗的人（X），意味著他什麼都沒做（Y）。」

2 因果（X → Y）

這是一種連結原因與結果的表現方法。就如同將論點與根據結合時，更具說服力一般，理由的存在會讓人更容易被說服並採取行動。用公式來表現的話就是 X → Y。活用的例子如下：

① 銷售

「我們有試用期。只要試用兩週（X），就會明白它的優點（Y）。」

「開這部車的話（X），每天都會覺得很充實，無論工作或生活都一定能樂在其中（Y）。」

② 提案

「只要執行這個企畫（X），就能減少成本、降低離職率（Y）。」

③ 教育

「有時努力不一定會有回報。不過，只要持續努力（X），就會一直有機會（Y）。」

「這很重要。只要不放棄（X），就不會失敗（Y）。」

當有人對我們說：「因為○○，所以△△」聽起來就會像是論點與根據齊備，很有邏輯的說法。

例如，有一人對你說：「來喝啤酒吧！」另一人對你說：「今天好熱，所以來喝啤酒吧！」相信各位都能想像自己對執行這件事的抗拒程度，會有所不同吧？

3 引用

這是指活用某人的故事或所說的話來傳達的方法。由於對方無法否定某人曾經說過的事實，會讓你的訊息更容易被接受。此外，不光是某人所說過的話，格言、俗諺或故事等都是引用的對象。活用的例子如下：

① 銷售

「前些日子，曾經使用這項產品的客戶表示『銷售額增加了三倍』。」

「據說，有客戶因為導入這個系統而降低了成本，『用省下的錢舉辦了員工旅遊，所有員工都非常開心』。」

② 教育

「棒球選手鈴木一朗曾說，『一步一步地前進，是實現夢想最快的捷徑』。」

「級任導師稱讚我『是個好孩子』」

當你要引用某個人的故事或說過的話時，比起完全不認識的人，崇拜或尊敬的人說過的話，會更有效果。

4 否定式命令

這是一種影響對方潛意識的語言模式，以否定句來表達希望對方怎麼做的方法。

大腦的特徵之一，就是在理解否定句時，必須先創造出想要否定的資訊，否則無法否定。舉例來說，要理解「請不要去想像藍色的小狗」這句話時，勢必要先去想像或意識到藍色小狗的樣子。這是活用大腦特徵的表達方式，相關例子如下：

① 銷售

「即便你對商品有興趣，也別急著簽約。」

「在不知道其他顧客的經驗談之前，請先不要買○○。」

「雞蛋每人限購三盒！」──顧客一看到廣告裡寫著這句話，明明買一盒雞蛋就夠了，還是會不自覺地想先買三盒。

② 提案／培訓

「若你不是真心想要解決問題的話，就不必專心聽下去了。」

③ 教育

「現在不必想著要成為第一名。」

「請先暫時忘記你真正想要的東西。」

由於這是非常直接的表達方式，建議你要先跟對方建立起良好關係後再活用。

5 「雙重束縛」（double bind）

這是指無論對方回答什麼，答案都會與你的意圖有所關聯的說話方法。活用的例子如下：

① 銷售

「如果要購買的話，請問是要付現？刷卡？還是分期付款？」──以對方要購買為前提，使其意識放在付款方法上。

「如果要交貨的話，請問是平日比較方便？還是假日比較方便？」──無論對方選何者，其意識都是聚焦在交貨一事上。

「如果要交貨的話，請問希望安裝在哪裡呢？」──無論對方選擇哪裡，其意識都是聚焦在交貨一事上。

② 委託

「這項工作在這個週末之前能做好嗎？還是下週之前能做好呢？」——以委託對方為前提。此外，透過將工作的截止日期延長到下週，促使對方想要在這週內完成。

③ 教育

「新主題的讀書會有指定書籍，我們要先讀完指定書籍再開讀書會？還是開完讀書會，再讀指定書籍呢？」——無論對方選擇何者，其意識都是集中在閱讀指定書籍上。

「要吃完點心，再寫作業？還是寫完作業，再吃點心？」——無論對方選擇何者，其意識都是集中在寫作業上。

本章中，介紹了讓管理者績效最大化的觀點與應用技巧。有些是你已經在實踐的事，有些則是試圖去意識它時反而變得尷尬。你是出於什麼目的，而在什麼場合裡需要活用或必須學習什麼技巧？對於「目的」有所意識，是不可或缺的。

工作和人生中，只有「做得到」與「還沒習慣」這兩種情況。請務必重新檢視本章第 4 節提及的「學習技能的五個階段」，並試著確認自己現在身處哪個階段，以及當下最重要的是需要理解，還是放慢速度去仔細應用。

第 7 章

想取得成果時，
應該具備的心態

❶ 管理者所需的心態

▉1 所謂的心態是什麼？

　　無論是工作、人生或人際關係，都要透過行動才會取得成果。而會影響行動的要素，就是心態（mindset）。

　　心態可以說是心靈的眼鏡。如果你用墨鏡般的黑色鏡片來看待事物，由於光線被阻擋了，眼前的風景看起來就會變得一片漆黑，要是用紅色鏡片的眼鏡來看風景的話，則會是紅色的。

　　如圖 7-1 所示，根據一個人的眼鏡鏡片的顏色，看到的風景或印象會有所不同。

圖 7-1　風景看起來的樣子

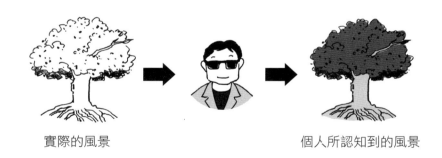

實際的風景　　　　　　　　　　　　　個人所認知到的風景

▉2 心態的效果

　　心態是一個人的態度、認知和價值觀，不僅會改變顏色或印象，也會改變事物的意義、自己對事物的反應，甚至是行為。

　　具體而言，心態就是態度、認知、重視的價值觀等。

① 心態發揮正面影響力的例子

　　假設其中一個心態是「只要努力就做得到」。在這樣的心態下，即便你接到任何新工作的委託，都會覺得可以挑戰看看（圖表 7-2）。你能把新工作的委託定義為機會，視之為達成或成長的機會，並試圖採取積極的行動。

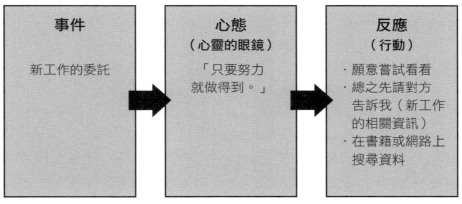

圖表 7-2　因心態而產生的變化 ①

事件	心態 （心靈的眼鏡）	反應 （行動）
新工作的委託	「只要努力就做得到。」	・願意嘗試看看 ・總之先請對方告訴我（新工作的相關資訊） ・在書籍或網路上搜尋資料

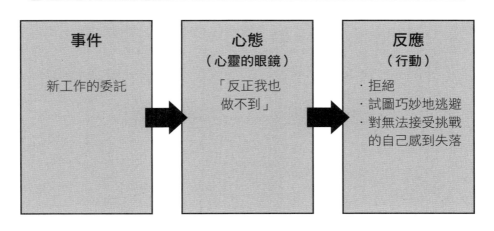

圖表 7-2　因心態而產生的變化 ②

事件	心態 （心靈的眼鏡）	反應 （行動）
新工作的委託	「反正我也做不到」	・拒絕 ・試圖巧妙地逃避 ・對無法接受挑戰的自己感到失落

② 心態發揮負面影響力的例子

舉例來說，當你的心態是停止成長，覺得「反正我也做不到」的話，就很難採取具建設性的行動。

如同 ① ② 所示，面對同樣的事件，你會因為心態不同，而有不同的反應和行動，所產生的結果當然就不同。

換言之，當一個人心靈的眼鏡（也就是心態）是具建設性時，事物的意義就會改變，並對他的反應造成影響，就能期待他會採取追求成功或成長的行動。

然而，心態往往都存在於平時不會察覺的潛意識層次裡，許多人都無法發現其影響之重大。**改善與自己的關係**是不可或缺的，為此，你必須去察覺自己的負面情緒或狀態。

負面情緒往往是不快且讓人不想碰觸的，但請你把它想成是**來自潛意識的暗示，提醒我們要改變心態**，它是在告訴我們：「目前你看待事物的方式，並沒有發揮功能。」

當我們被負面情緒吞噬時，就會不自覺地開始責怪別人或自己。但人類並不是為了感受嫉妒、恐怖、不安、無力、憤怒等情緒而生的，請將其解讀成是一個暗示，在提醒我們：「它不適用於現在的狀況，一定有更好的方法。」而改善與自己的關係，是其中的一種方法。

② 有效用的管理心態

就如第 1 章第 1 節所述，現今是個沒有正確答案的年代。接下來，將介紹幾個有效用的心態，以提升你與那些能一起思考及行動的成員之間的關係、達成組織的目標與成長，並維持下屬與自己的幹勁。

■1 失敗並不存在，只有反饋存在

觀察那些已經達成具有價值的目標、克服障礙的人，你會發現一件意料之外的事。那就是，即便是看起來自信且堅強的人，也會缺乏自信、害怕失敗。

那些成功的人在面對所有事物時，都會試圖從失敗或挫折中學習，以提高經驗值。

表達這種心態的其他說法如下：

> • 比起不做而後悔，不如從做了之後的失敗中學習。
> • 不怕麻煩，一邊修正軌道，一邊前進，才是最快的捷徑。
> • 只要不放棄，就不會失敗。
> • 跌倒並不是失敗，倒地不起才是。
> • 世界上沒有成功，也沒有失敗，只有學習和成長而已。

■2 能量會流向意識所在之處

這是有助於控制情緒的心態。當人感受到正面情緒時，意識和認知的焦點就會朝向正面那一邊。相反地，當人感受到負面情緒時，意識和

認知的焦點就會朝向負面那一邊。

這個心態**在你處於負面情緒或狀態時也很有效**。將自己的意識朝向理想的狀態或情況，有助於控制自己的思考、大腦及心靈。

那些改變自己的契機，往往都是負面的情緒。所以，負面情緒雖然讓人不快，但成功的人往往會將其解讀成改善的機會並加以活用。當你察覺自己的不快或負面情緒時，請將意識放在想要達成的狀態上。

表達這種心態的其他說法如下：

- 專注於你想得到的，而不是你不想得到的。
- 專注於你想要的，而不是你不想要的。
- 不安或緊張的時候，就是「你沒有專注在理想或達成目標上」的訊號，暗示我們一定有更好的方法。

3 每個人都不同，各有各的世界觀

阻礙溝通或人際關係的原因之一，就是以為自己和對方是一樣的。

因為覺得別人和自己一樣，所以在爭論時會開始提出「不是這樣吧？」「為什麼你就是不能理解呢？」「你錯了！」之類的主張。即便你在駁倒對方的瞬間會有得勝的快感，但從長遠眼光來看這份人際關係的話，只能說是一敗塗地。

自己和對方不同，每個人都有自己的世界觀。唯有具備這樣的心態，我們才會有意識地去深入理解他人，創造出試著理解對方的溝通，最終才能建立起良好的人際關係。就如同「人與人的差異，就是優勢的差異」這句話，成功的人都會思考如何活用差異。

表達這種心態的其他說法如下：

- 就如同我們有自己重視的價值觀，對方也有他重視的價值觀。
- 就像你有覺得無法原諒的事一樣，對方也有他覺得無法原諒的事。
- 就如同你有無法對別人說的煩惱一樣，對方也有他的煩惱。

4 自己或他人的負面言行中，必定有其正面意圖

這是一個讓我們深入理解自己與他人，促進人性成長的心態。這個隱藏在背後的正面目的，在 NLP 領域裡稱為「正面意圖」。

正面意圖的概念是，每個人的負面思考或行動中，在其潛意識裡一定有相應的正面目的或好處。無論是自己或他人，都是依照正面意圖在行動。當我們理解這個道理，就能加深對自己或他人的肯定感。

舉例來說，吸菸或喝酒的正面意圖，可能是想要獲得平靜或放鬆、保有自己的時間，或是覺得以抽菸或喝酒的方式來與人溝通，有一種大人的象徵，而讓自己更有自信等。

此外，心理學領域認為，生病也有其正面意圖。因為生病能讓人擺脫痛苦的現實，在家人、權威醫師、護理師等周圍人的細心照料下，得以確認自己的存在。

對話方面的原理也是如此。當我們語氣焦躁時，並不是為了攻擊對方，而是想要明哲保身和自由。此外，害怕「不被理解」的這份恐懼背後，想要的是安全感。小小孩會說：「我最討厭媽媽了！」但這不是因為他真的討厭媽媽，而是有「希望媽媽理解自己」、「希望媽媽多聽自己說話」的意圖。

這個心態認為，言行是為了滿足意圖的工具，也會讓我們更深入去理解人們藉由這樣的工具**試圖獲得的到底是什麼**。甚至，有時也讓我們

去思考，是不是有辦法**藉由別的工具來獲得想要的事物**，進而發現了其他的選項。

表達這種心態的其他說法如下：

- 他真正希望別人理解的，或許是其他事。
- 這個人真正想要的，或許是其他事物。
- 他透過負面言行，真正想要感受的是什麼？

5 讓自己站在原因那一邊

這是一個能讓人在工作及人生各個領域上取得成果的心態。

「讓自己站在原因那一邊」是指，不把所發生的結果歸咎於他人，試著思考「假設原因是在自己身上」的情況。那種習慣把發生的事歸咎於某人之責任的人，等於是在無意識地告訴自己：「我是不會改變的」、「我沒有能力改變」、「我無能為力」。

當你思考「假設原因是在自己身上」的情況，就會產生以下的選項。

- 說不定我本來可以做到○○。
- 說不定我做△△會比較好。
- 說不定我減少一點□□會比較好。

即便再次發生同樣的事，或許你也能靈活地因應。

這個心態是關於承擔責任，而不是要攻擊自己。**這有助於建立起「針對結果找出原因，並將原因活用在未來」的態度。**

這樣的思考模式也能活用在溝通上，將對方的反應視為自己溝通的成果，思考要如何傳達才能在對方身上引發變化，並進一步去關注自己

的變化。那些能夠吸引並牽動他人的人，往往都站在原因這一邊，以達成具有價值的目標。

除了失敗之外，成功的時候也一樣，在你對周圍的人表達感謝的同時，也要試圖找出自己「做了什麼才成功」的原因或理由，它們將轉變成自信，讓你能在各個領域裡取得成果。

表達這種心態的其他說法如下：

- 不要把責任推到別人身上。
- 盡己所能。
- 讓它成為發現挑戰以追求成長的機會。

本節所提及的心態，在任何領域的工作上都至關重要，而且，不只是對工作的成果，對組織成員的成長也大有助益。

在教練式領導上，有一件要嘗試的事是，「把自己的各種心態平均分配到一週的每一天，然後有意識地像穿上衣服似地去過每一天」，其內容如下。

- 星期一：「站在原因那一邊。」
- 星期二：「失敗並不存在，只有反饋存在。」
- 星期三：「能量會流向意識所在之處。」
- 星期四：「自己或他人的負面言行中，必定有其正面目的。」
- 星期五：「每個人都不同，各有各的世界觀。」

請務必參考看看。

③ 有助於提高績效的心態

本節要介紹的心態，有助於每個人為了成長而在工作和人生上提高績效，並不僅限於管理者身分。

1 增加與能力更高者相處的時間

如果你想要成長的話，就要花時間跟能力更強、領先於你的人相處。因為我們**在不知不覺中會受到周圍的人和環境所影響**。據說，觀察你身邊的五個人，就能知道你現在的收入與今後的收入。富有的人會花時間和相同的人相處，談論如何變得更富有。

不光是金錢，在運動或商務的領域也一樣，舉例如下。

① 運動

進入優秀的隊伍，就能近距離觀察周圍選手的練習和表現。得知優秀選手的想法，或是練習等的具體方法，都有助於自己的成長。

② 商務

當你身處工作能力極為出色的群體中，就能知道他們如何看待自己的業務，也能從中獲得他們重視的價值觀、策略與建立客群等的一些具體線索。

俗話說「物以類聚」，觀察自己在工作和私生活中與他人的關係，必要時得重新檢視周遭的人際關係，並改變運用時間的方式。

當你在跟層次較高的人相處時，一開始可能會覺得有點不自在，但這將會成為提升自己的一種刺激。因此，如果你想要追求更進一步的成功，請花更多時間與比你優秀的人相處。

❷ 超越期待

就是指提供超越周圍人士之期待的滿足，例如：

- 超越顧客的期待，提供更好的想法或服務。
- 超越顧客的期待，更迅速地因應處理。
- 超越顧客的期待，更親切友善地對待他們。

此外，除了顧客之外，「超越上司的期待」這個觀點也很重要。具體來說，就是努力工作到超過相應的報酬。

例如，月薪三十萬日圓的人如果認為「因為才領三十萬日圓，那就工作到這個程度就好了」，那麼就不會有下一次的機會。「做五十萬日圓月薪的工作」、「做一百萬日圓月薪的工作」、「做兩階以上職級的工作」，透過以超過報酬所期待的角色為目標，提升自己的存在價值。

請自問以下幾個問題，以尋求提升自己的契機。

- 你願意花多少錢雇用現在的自己？
- 如果你是自己的上司，會覺得自己是個容易一起工作的人嗎？
- 如果你是自己的上司，你的績效會提高嗎？
- 如果你是自己的下屬，你會想要培養自己嗎？

❸ 才能或能力可以靠努力來磨練與提升

這個心態能讓你接受許多挑戰、採取行動，最終獲得各式各樣的經驗。**就算失敗了，你也能從經驗中獲得改善，產生更好的心得總結。**

相反地，當你的心態是「才能和能力是與生俱來的、無法改變的」，就會輕易放棄。

此外，如果你相信自己在某些層面是優秀的，又會變得太過專注於證明自己的才能或能力。這種情況下，要是你出現失誤了，就會傾向於不願意承認自己的疏失，並把責任推卸到他人或其他原因上。甚至，你會不願意致力於那些無法做得完美的事務上，在深層心理上所選擇的結果，往往就是「不做任何挑戰」。

　　本節介紹了嚴選的三個心態，都是我自己很重視的，也是我在培訓或講座上，聽聞遇到的人們的各種實務經驗中，所觀察到的東西。

　　請務必參考這三個心態：「增加與能力更高者相處的時間」、「超越期待」、「才能或能力可以靠努力來磨練與提升」，並且將本章所介紹的心態，活用在工作、自己，以及一起行動的成員身上。

附錄　解決管理者的煩惱 Q&A

Q1 與下屬的溝通不順暢，該怎麼辦？
A1 在指揮下屬之前，管理者需要先改變自己。

自己不做出改變，卻試圖要指揮對方，就是停滯不前的原因。如同在第 5 章第 7 節裡所述，NLP 領域的重要精神之一，就是尊重對方的世界觀。若不先了解對方的世界觀為何，就無法理解或尊重他們。

此外，在 NLP 領域裡，除了本書中介紹的內容之外，還有信念（beliefs）、價值、自我認同（identity，對自己的認知）、願景／使命等具體技巧，都有助於與下屬的溝通。它們共同的特徵就是：都是可重複性很高的技巧。

Q2 不管我說了幾次，下屬都不聽，該怎麼辦？
A2 以「對方的反應就是溝通成果」為前提，進行溝通。

你要認知到，「沒有不聽話的下屬，只有不懂得如何說話的上司」，設法找出要怎麼做出指示，或是用什麼方法說服對方。

透過活用第 4 章第 2 節、第 6 章第 7 節介紹的 VAK 模式，第 6 章第 7 節介紹的語言行為量表，第 6 章第 8 節介紹的米爾頓模式和後設模式，你在身為管理者的溝通觀點和方法上，會有更多選項。

如今，包含國籍或文化在內，價值觀與工作模式都漸趨多元，在這樣的趨勢下，NLP 技巧將成為管理上不可或缺的工具之一。

■Q3■ 要怎麼面對沒有幹勁的下屬？
☐A3☐ 請理解構成對方價值觀的關鍵字

在第 6 章第 7 節等處曾提到，價值觀是推動他人的開關。若不理解這個開關，就無法推動他人。

舉例來說，假設在船隻即將沉沒的場景裡，救生艇的數量不夠，有幾位船員勢必得犧牲。以下的笑話在促使船員做出決定的說法上，想像了不同國籍在表達上的差異。

- ・A：現在如果跳下海去的話，就能成為英雄了！
- ・B：在這種時刻，紳士就會自己跳進海裡。
- ・C：因為是規定，請跳進海裡吧！
- ・D：大家都在跳喔！

雖然這是個笑話，但正顯現出了溝通方式會依對方的價值觀而改變的現實。

■Q4■ 有些下屬總是在找藉口卻不行動，該怎麼辦？
☐A4☐ 藉口是對方需要安心或安全的訊息。

如同第 7 章第 2 節的「正面意圖」裡所述的，乍看之下負面的言行，在潛意識的層次裡一定存在某些正面的目的。當下屬經常感到不安或恐懼時，就必須好好詢問他們原因何在。

但由於下屬本人可能也沒意識到原因，所以以良好關係為基礎去用心傾聽，是個不錯的方法。

一旦人們在心理上有足夠的安全感，就能夠挑戰新事物、投入新工作。具體來說，「失敗也沒關係」、「若有擔憂的地方，請告訴我」、「一

起前進吧！」等，這類管理者的態度和訊息非常重要。

Q5 在自己的工作和下屬的工作之間無法取得平衡，該怎麼辦？
A5 提升溝通的品質很重要。

在這樣的煩惱中，有時可以觀察到溝通品質不佳、彼此都無法一次就解決問題等積習難改的溝通模式。

大多數情況下，不是有太多無用的資訊，就是根本沒有掌握住問題的本質等，幾乎都是在浪費時間和勞力等資源。因此，不光是下屬，管理者自身也需要先釐清溝通的目的。

不妨先訂下規則，譬如在會議之前，必須先說明這是報告、諮詢、指示，還是尋求判斷等，然後再開始發言。

Q6 該如何有效地進行一對一面談？
A6 釐清目的，並事先準備好問題。

在企業開始導入一對一面談之後，愈來愈多人來問我要如何有效地進行。我都會告訴他們，要釐清目的。

一對一面談的目的因組織而異，有些是「確認工作進度」，有些是「評估面談」，有些則是藉由工作以外的事來「建立關係」。因此，請先釐清目的。

此外，有足夠的時間讓下屬或成員說話，比起讓上司自己有時間說話更為重要。如果都是管理者在說話，那麼無論是業務的討論，或是自以為在建立良好關係，從下屬的角度來看，都是近乎拷問的時間。

以下介紹一些能夠活用的提問，請多加參考。

●工作的內容

· 你在工作上有沒有什麼問題？

· 請告訴我，你在工作上壓力最大的三項業務。

· 若為了提高工作效率，該停止做些什麼才好？

· 若為了提高工作效率，該開始做些什麼才好？

· 如果有一項業務可以用更少的成本完成，那會是什麼？

· 為了獲取利益而必須思考的前五件事是什麼？

· 顧客為什麼會選擇我們的公司，理由或優勢是什麼？

· 如果你有想要更集中精神投入的事，那會是什麼？

· 如果○○（下屬）是社長的話，你會想要打造出一個什麼樣的公司？

●下屬的價值觀

· 你的興趣、嗜好是什麼？

· 你現在最熱中的事物是什麼？

· 你一定會看的社群軟體是什麼？喜歡它的什麼地方？

· 你有喜歡的演員或諧星嗎？你喜歡他們的什麼地方？

· 你最喜歡的電影、電視連續劇、小說的前五名，分別是什麼？

· 你推薦的電影、電視連續劇、小說，分別是什麼？

· 你最近在意的新聞是什麼？

· 你在學生時代熱中於什麼？

· 你在學生時代的夢想是什麼？

· 為了身體或健康，你特別做了什麼嗎？

Q7 身為管理者，我並沒有自信，該怎麼辦？

A7 具體而言，你對於什麼沒自信呢？不妨先釐清這個問題。

先具體釐清自己是對提案沒自信？對談判沒自信？還是對企畫能力沒自信？然後思考要把自己沒自信的部分，交給下屬或哪個成員來負責比較好。

事情之所以進展得不順利，就是因為你什麼都想要自己一個人攬下來做。雖然你必須承擔責任，但讓下屬分擔工作，給予他們成長的機會，也是管理者的任務。

所以，請先明確釐清自己對於管理者這份工作的哪個部分沒有自信。

Q8 雖然身為管理者，但對自己的職涯沒有任何願景或想像，該怎麼辦？

A8 請放寬心。其實這是很常見的煩惱。

首先，希望你安心的是，許多管理者都有對職涯沒有任何願景或想像之類的煩惱。有很多人都擺脫不了「願景必須明確」、「必須有具體的職涯規畫」這類的「應該」、「必須」而備感壓力。

管理者必須知道如何在「從負面到歸零」、「從歸零到正面」這兩種狀態轉換的方法。換言之，就是心理健康與提高動力的方法。

如果你的煩惱是對職涯沒有任何願景或想像，由於你處於壓力狀態下，所以最先要做的是「緩解」。

需要緩解的要素之一，就是來自上級的壓力。為了緩解這一層壓力，當上級說些什麼的時候，你不要加入自己的解釋，請直接理解原文就好。

我們往往不是對別人說的事實有所反應，而是對如何解釋對方所說

的話而有所反應。而且，我們會為這個解釋所苦，也會因為解釋而解脫。

除了自己心中的「應該」、「必須」之外，請試著增加其他選項，看看還有什麼樣的解釋。具體而言，如第6章第1、2節所述，可以活用模仿，尋找成功的角色模範。實際和對方商討，就能發現那是自己單方面的解釋。

Q9 我一邊工作，一邊學習各種東西，但成果卻不如預期，該怎麼辦？
A9 找一個成功的角色模範並模仿他。

如第6章第1、2節所述，NLP領域裡有一個「模仿」技巧，這是一種找出角色模範，原封不動地模仿其資源的快速學習方法。

它與標竿學習的概念很類似，但NLP的模仿技巧能立刻提升組織和個人的績效。

自問成為自己角色模範的人會怎麼做、怎麼想，也是一種方法。這是一種方便的工具，讓人可以一邊汲取角色模範的行動和思維，一邊打破現狀、維持動力，或是激發促成重大轉變的構想。

Q10 我希望成為成功的管理者，但不知道從何開始努力才好？
A10 首先要從設定結果開始。

如第4章第2節所述，NLP領域裡的「結果」，是指目標、目的、成果。就像看不見終點的馬拉松很累人一樣，為了透過工作而成長，你必須有一些能夠感受到自己有所成長的點。

首先，建議訂立一年後、三年後等期限，再設定結果。如果你能夠描繪出最終想要達成的理想形象，也請將其設定為你的目標。

所謂的「結果」，可以是本年度的業績目標、想要精進的技能等。例如，可以設定成在溝通或教練式領導的領域，要讀幾本書、參加什麼樣的培訓或講座、舉辦幾次的一對一面談等這類結果。

　　此外，「定義」也很重要。「成為一個成功的管理者是指什麼？」你不妨先給它一個明確的定義，可能是「能夠回應社會的期待」、「能夠培育下屬」、「啟動一個足以在公司歷史上成為傳說的專案」等等。

　　總結上述，就是自己要先對「成功的管理者」做出明確定義，然後在這個定義的框架中，訂立期限並設定目標。

結語

如第 5 章第 3 節所述，我在職涯中曾有一段時間勇猛果敢地投入工作，以期望成為一個營收達前一年度十倍的管理者。

包括商品開發、銷售策略、數字管理、人才雇用和下屬培育等，為了在一項事業上取得成果，我歷經了無數艱辛，最終達成了營收十倍的成果。達成目標當然很開心，但當時一起努力的成員所說的一句話，至今仍讓我感動不已。

這句話就是：「達成目標當然也很開心，但能參與這項工作更讓我引以為傲！」不光是達成業績，能和下屬共享工作的成就感，也是我身為管理者的喜悅。

然而，當時若我沒有學習 NLP 的話，我那焦躁不安、憤怒的能量，肯定會讓下屬感到精疲力竭。

你有一個現在的狀態，也有一個理想的樣貌。不僅是管理者，一般的商務人士和學生也都要勇於挑戰，去確認並解決兩者之間的差距。

本書介紹的內容，是在原有的 NLP 思維中，導入更進化的 NLP 元素後，所總結的管理技巧，成功地解決了我在擔任管理者時代所經歷的各種苦惱。管理的基礎，就是找出並填補理想與現狀之間的差距。如果光靠一己之力很困難的話，就請藉由溝通來讓周圍的人都一起參與。

畢竟，有些事光靠自己的經驗是學不到的。此外，有些事無法只從職場上司的身上學到，甚至無法只在日本這個地方學到，請務必擴展接收資訊的觸角。

本書介紹的 NLP 技巧，可謂是世人的智慧，能提升「達成目標的能力」、「解決問題的能力」，以及追求組織最佳化的「溝通能力」。想要正式學習 NLP 的人，可以洽詢 NLP-JAPAN 學習中心。

‧NLP-JAPAN 學習中心

https://www.nlpjapan.co.jp/

‧Life&Mind+（NLP 相關內容網站）

https://life-and-mind.com/

希望各位都能獲得人人有目共睹的豐碩成果。

提升績效的 NLP 管理術：強化自我心理、有效管理團隊、增強組織競爭力
組織のパフォーマンスが上がる　実踐 NLP マネジメント

作　　　者───足達大和
譯　　　者───陳光棻
封面設計───江孟達
內文設計───劉好音
執行編輯───洪禎璐
責任編輯───劉文駿
業務發行───王綬晨、邱紹溢、劉文雅
行銷企劃───曾志傑、黃羿潔
副總編輯───張海靜
總　編　輯───王思迅
發　行　人───蘇拾平
出　　　版───如果出版
發　　　行───大雁出版基地
地　　　址───231030 新北市新店區北新路三段 207-3 號 5 樓
電　　　話───（02）8913-1005
傳　　　真───（02）8913-1056
讀者傳真服務───（02）8913-1056
讀者服務 E-mail── andbooks@andbooks.com.tw
劃撥帳號 19983379
戶　　　名 大雁文化事業股份有限公司
出版日期 2023 年 12 月 初版
定　　　價 380 元
ISBN　978-626-7334-50-8
有著作權‧翻印必究

SOSHIKI NO PERFORMANCE GA AGARU JISSEN NLP MANAGEMENT by　Yamato Ashidachi
Copyright © 2022 Yamato Ashidachi
All rights reserved.
Original Japanese edition published by JMA Management Center Inc.
This Traditional Chinese language edition is published by arrangement with JMA Management Center Inc.,
Tokyo in care of Tuttle-Mori Agency, Inc., Tokyo, through Future View Technology Ltd., Taipei.

國家圖書館出版品預行編目資料

提升績效的 NLP 管理術：強化自我心理、有效
管理團隊、增強組織競爭力／足達大和著；陳光
棻譯 .－ 初版 .－ 新北市：如果出版：大雁出版基
地發行 , 2023. 12
面；公分
譯自：組織のパフォーマンスが上がる　實踐 NLP
マネジメント
ISBN　978-626-7334-50-8（平裝）

1. 管理者　2. 組織管理

494.2　　　　　　　　　　　　　　112018112

如果